谁种谁赚钱·设施蔬菜技术丛书

葱姜蒜类蔬菜设施栽培

常有宏 余文贵 陈 新 主编
宋立晓 陈正泰 杨 峰 严继勇 等 编著

U0256242

中国农业出版社

图书在版编目（CIP）数据

葱姜蒜类蔬菜设施栽培/宋立晓等编著.—北京：
中国农业出版社，2013.10（2015.9 重印）
（谁种谁赚钱·设施蔬菜技术丛书/常有宏，余文
贵，陈新主编）
ISBN 978-7-109-18430-5

Ⅰ.①葱…　Ⅱ.①宋…　Ⅲ.①葱－蔬菜园艺－设施农
业②姜－蔬菜园艺－设施农业③大蒜－蔬菜园艺－设施农
业　Ⅳ.①S626

中国版本图书馆 CIP 数据核字（2013）第 237663 号

中国农业出版社出版
（北京市朝阳区农展馆北路 2 号）
（邮政编码 100125）
责任编辑　杨天桥

北京中兴印刷有限公司印刷　新华书店北京发行所发行
2013 年 11 月第 1 版　2015 年 9 月北京第 2 次印刷

开本：850mm×1168mm 1/32　印张：6.375　插页：2
字数：158 千字　印数：4 001～7 000 册
定价：25.00 元
（凡本版图书出现印刷、装订错误，请向出版社发行部调换）

编 著 者

宋立晓　陈正泰　杨　峰
严继勇　高　兵　曾爱松
樊继德　薛　萍　陆信娟
潘美红　杨海峰

出版者的话

我国农民历来有一个习惯，不论政府是否号召，家家户户都要种菜。

在人民公社化时期，即使土地是集体的，政府也划给一家一户几分"自留地"种菜。白天，农民在集体的土地上种粮，到了收工的时候，不管天黑，也不顾饥肠辘辘，一放下工具就径直奔向自留地，侍弄自家的菜园。因为，种菜不仅可以满足一家人一年的生活，胆大的人还可以将剩余的菜"冒险"拿到市场上换钱。

实行分田到户后，伴随粮食的富余，种菜的农民越来越多。因为城里人对蔬菜种类和数量的需求日益增长，商品经济越来越活跃，使农民直接看到了种菜比种粮赚钱。

近一二十年来，市场越来越开放，农业生产分工越来越细，种菜的农民也越来越专业，他们不仅在露地大面积种菜，还建造塑料大棚、日光温室，甚至蔬菜工厂等，从事设施蔬菜生产。因为，在设施内种菜，可以不受季节限制，不仅一年四季都有新鲜菜上市，也为菜农增加了成倍的收入。

巨大的商机不仅让农民获得了实惠，也使政府找到了"抓手"。继"菜篮子工程"之后，近年来，各地政府又不断加大了对设施蔬菜的资金补贴，据 2010 年 12 月国家发展和改革委员会统计：北京市按中高档温室每亩 1.5 万元、简易温室 1 万元、钢架大棚 0.4 万元进行补贴；江苏省紧急安排 1 亿元蔬菜生产补贴，扩大冬种和设施蔬菜种植面积；陕西省安排补贴资金 2.5 亿元，其中对日光温室每亩补贴 1 200 元，设施大棚每亩补贴 750 元；宁夏对中部干旱

· 1 ·

和南部山区日光温室、大中拱棚、小拱棚建设每亩分别补贴 3 000 元、1 000 元和 200 元……使设施蔬菜的发展势头迅猛。截止到 2010 年，我国设施蔬菜用 20% 的菜地面积，提供了 40% 的蔬菜产量和 60% 的产值（张志斌，2010）!

万事俱备，只欠东风。目前，各地菜农不缺资金、不愁市场，缺的是技术。在设施内种菜与露地不同，由于是人造环境，温、光、水、气、肥等条件需要人为调节和掌控，茬口安排、品种的生育特性要满足常年生产和市场供给的需要，病虫害和杂草的防控需要采用特殊的技术措施，蔬菜产品的质量必须达到国家标准。为了满足广大菜农对设施蔬菜生产技术的需求，我社策划出版了这套《谁种谁赚钱 设施蔬菜技术丛书》。本丛书由江苏省农业科学院组织蔬菜专家编写，选择栽培面积大、销路好、技术成熟的蔬菜种类，按单品种分 16 个单册出版。

由于编写时间紧，涉及蔬菜种类多，从选题分类、编写体例到技术内容等，多有不尽完善之处，敬请专家、读者指正。

2013 年 1 月

目 录

出版者的话

第一章

生姜设施栽培技术

第一节　生姜生物学特性

一、植物学特征

生姜为姜科姜属多年生草本植物，现作为一年生蔬菜栽培。其植株形态直立，分枝性强，一般每株具 10 多个丛状分枝，植株开展度 45～55 厘米、高度 80～110 厘米。主要包括根、地下茎、地上茎、叶及花等器官。

1. 根　生姜属浅根性作物，根不发达、稀少且较短，生长比较缓慢，主要分布在纵向 30 厘米和横向扩展半径 30 厘米的范围内，只有少量的根可伸入土壤下层。生姜的根主要有纤维根和肉质根两种。纤维根是指种植后从幼芽基部产生的数条不定根，这些根水平生长；随着幼苗的生长，纤维根的数目稍有增加，并在其上发生许多细小的侧根，形成姜的主要吸收根系；这种根占总根量的 40% 左右，其形状比较细而长，主要功能是吸收水分和养分。肉质根是生姜生长的中后期从姜母基部发生的根，它生长在姜母和子姜之上，还可发生若干条肉质不定根，横径约 0.5 厘米、长 10～15 厘米，白色，形状短而粗，其上一般不发生侧根，根毛也很少，其数量占总根量的 60% 左右，形状短而粗，主要起固定和支持作用，同时可贮存物质，还具有部分吸收功能。

2. 茎　生姜的茎包括地上茎和地下茎两部分。地上茎直立、绿色，并为叶鞘所包被，茎端完全由嫩叶和叶鞘构成包被而不裸露在外。在一般栽培条件下，地上茎高 60～80 厘米，肥水好的可达 100 厘米以上。茎粗一般 1～1.5 厘米。生姜分枝的多少因品种特性和栽培条件而不同。在同样的栽培条件下，疏苗型的品种，茎秆粗壮，分枝数较少；密苗型的品种，则表现分枝性强、分枝数多。同一品种，在土质肥沃、肥水充足、管理精细的情况下，则表现生长势强、分枝较多；相反，在土质瘠薄、缺水少肥、管理粗放的条件下，则表现生长势弱、分枝数少。

生姜的地下茎为根状茎，既是食用器官，又是繁殖器官，由茎秆分枝基部膨大而成的姜球组成，根茎的形态为不规则掌状。初生姜球称为姜母，块较小，一般有 7～10 节，节间短而密。次生姜球较大，节较少，节间较稀。刚刚收获的鲜姜，呈鲜黄色或淡黄色，姜球上部鳞片及茎秆基部的鳞叶多呈淡红色，入窖贮存月余后，姜球顶部残留的地上茎断下，根茎顶部的疤痕愈合，称"圆头"。圆头后的生姜，外围形成一层较厚的周皮，称为"黄姜"。黄姜翌年作姜种用时称为种姜，至收获时从土壤中扒出，称为老姜或母姜。

3. 叶 生姜的叶片互生，叶序为 1/2，在茎上排成 2 列。披针形，绿色，具横出平行叶脉，叶柄较短。壮龄功能叶一般长 20～25 厘米、宽 2～3 厘米，叶片中脉较粗，叶片下部具不闭合的叶鞘。叶鞘为绿色，狭长而抱茎，具有支持和保护作用，亦具一定的光合能力。叶鞘与叶片相连处，有一膜状突出物，称为叶舌，叶舌内侧即为出叶孔，新生叶片即从出叶孔中抽生出来，刚抽生的新叶较细小，卷成近似圆筒形，多为浅黄绿色，随着幼叶的生长逐渐展平。

生姜幼苗期以主茎叶生长为主。到 7 月下旬以后，主茎叶数基本趋于稳定，而侧枝叶则大量发生，10 月下旬收获时，侧枝叶已占全株总叶数的 80% 以上。尤其是一次分枝和二次分枝上的叶片，正是根茎迅速膨大时期的壮龄功能叶，对生姜产量形成起重要作用。生姜叶片寿命较长，田间观察，10 月中下旬早霜到来时，植株基部很少有枯黄衰老的叶片脱落，绝大部分叶片都保持绿色和完好的状态。因此，在生产上采取科学、精细的管理措施，促进主茎和第一、第二次分枝上的叶片健壮生长，使其长期保持较强的同化能力，对提高生姜产量具有重要意义。

4. 花 生姜的花为穗状花序，橙黄色或紫红色，花茎直立，从根茎上长出，高约 30 厘米，花穗长 5～7.5 厘米，由叠生苞片组成。单个花下部有绿色苞片叠生，层层包被。每个苞片都包着 1 个单生的绿色或紫色小花，花瓣紫色，雄蕊 6 枚，雌蕊 1 枚。苞片卵形，先端具硬尖。在我国栽培条件下生姜极少开花，在马来西亚也很少见到生姜开花。在日本九州，只有在生长发育特别好的情况下才有极少数植株抽薹，但因温度降低也不能开花。在大棚里虽然能够开花，但结实也未成功。在我国，北纬 25°以北地区种植生姜时，一般不开花，但近年在浙江南部温暖地区种植生姜，偶尔也有开花的。个别年份，在山东大面积姜田里，偶尔也可见到极少数花蕾或姜花。

二、对环境条件要求

1. 温度条件 生姜虽然对气候适应性较广，但只有在适宜的温度条件下，植株才能健壮生长，体内各种生理活动才能正常而旺盛地进行，因此在栽培中必须了解生姜各个时期对温度的要求，以便为生姜生长创造适宜的环境条件。

种姜幼芽在 16～17℃条件下开始萌发，但发芽速度极慢；22～25℃发芽速度较适宜，幼芽亦较肥壮，符合播种要求，因此22～25℃为生姜幼芽生长的适宜温度；在 29～30℃高温条件下，发芽速度很快，但幼芽不健壮。在幼苗期及发棵期，保持25～28℃对茎叶生长较为适宜。在根茎旺盛生长期，因需要积累大量养分，要求白天和夜间保持一定的昼夜温差，白天温度稍高，保持在 25℃左右，夜间温度稍低，保持在 17～18℃。当气温降至15℃以下时，姜苗便基本上停止生长。

积温是作物热量要求的重要标志之一，生姜在其生长过程中，不仅要求一定的适宜温度范围，而且还要求一定的积温，才能完成其生长过程并获得较好的产量。根据对山东莱芜姜的栽培和气象资料的分析，全生长期约需活动积温 3 660℃，需 15℃以上有效积温 1 215℃。

2. 光照条件 生姜喜阴凉，对光照反应不敏感，光呼吸损耗仅占光合作物的 2%～5%，为弱光呼吸植物。其发芽和根茎膨大需在黑暗环境中进行，幼苗期要求中等光照度，不耐强光，在花荫状态下生长良好，旺盛生长期则需稍强的光照，以利于光合作用。生姜在土壤水分供应充足时可适应较强的光照，表现出喜光耐阴的特点。但由于生产中水分供应不及时，生姜长期处在不同程度的干旱胁迫条件下，使生姜叶片的光能利用率大为降低。因此，生产上多进行遮阴栽培。生姜虽然具有一定的耐阴能力，但对其生长来说，并不是光照越弱越好。在大田生产中，若遇连阴多雨或遮光过度而光照不足，对姜苗生长不利。

3. 土壤条件 生姜对土壤的适应性较广，对土壤质地要求不甚严格，在沙壤土、轻壤土、中壤土或重壤土上都能正常生长，但以土层深厚、土质疏松、有机质丰富、通气与排水良好的壤土栽培最为适宜。不同土质对生姜的产量和品质有一定的影响。沙性土壤有机质含量较低，保水保肥性能稍差，容易因脱肥而使产量降低。黏性土壤有机质含量比较丰富，保水保肥能力较强，且肥效持久，因而产量较高。不同的土质，不仅影响生姜根茎的商品质量，对其营养品质也有一定的影响。沙性土壤上栽培生姜，其根茎一般表现光洁美观，含水量较少，干物质较多。黏性土上栽培生姜，其根茎质地细嫩，但含水量较高。

生姜喜中性及微酸性反应，不耐强酸强碱，在 pH5～7 范围内植株均生长好，其中以 pH6 生长最好。pH8 以上对生姜各器官的生长都有明显的抑制作用，表现植株矮小，叶片发黄，长势不旺，根茎发育不良。因此，栽培生姜应注意土壤选择，盐碱涝洼地不宜种姜。

4. 营养条件 生姜为浅根性作物，根系不发达，能够伸入到土壤深层的吸收根很少，吸肥能力较弱，因而对养分要求比较严格。另外，生姜分枝较多，植株较大，单位面积种植株数也较多，生长期长，所以全生长期需肥量较大。

生姜幼苗期吸收氮、磷、钾数量较少，发棵期和根茎迅速膨大期吸肥量大大增加；全生长期吸收钾最多，氮次之，磷最少（约占氮、钾的1/4）。生姜为喜肥作物，也是需肥量较多的作物，不仅需要氮、磷、钾、钙、镁等元素，还需要锌、硼等微量元素。

5. 水分条件 水分是生姜植株的重要组成部分，也是进行光合作用、制造养分的主要原料之一。地上茎叶中含有86%～88%的水分，各种肥料也只有溶解在水里才能被根系吸收。所以，在生姜栽培中，合理供水对保证姜的正常生长并获得高产是十分重要的。

姜为浅根性作物，根系主要分布在土壤表层30厘米以内的耕作层内，难以充分利用土壤深层的水分，因而不耐干旱。幼苗期，姜苗生长缓慢，生长量小，本身需水量不多，但苗期正处在高温干旱季节，土壤蒸发快，同时生姜幼苗期水分代谢活动旺盛，其蒸腾作用比盛长后期要强得多，为保证幼苗生长健壮，此时不可缺水。

生姜旺盛生长期，生长速度加快，生长量逐渐增大，需要较多的水分，尤其在根茎迅速膨大时期，应根据需要及时供水，以促进根茎快速生长，此期如缺水、干旱，不仅产量降低，而且品质变劣。

三、生育周期

生姜为无性繁殖作物，播种所用的种子就是根茎。它的整个生长过程基本上是营养生长的过程。生产上多根据其生长特性和生长季节分为发芽期、幼苗期、旺盛生长期和根茎休眠期。生姜每个生长时期都有不同的生长中心和生长特点。由于我国各姜区所处的地理位置不同，无霜期相差很大，生姜生长期的长短亦有较大差异，不同生长阶段持续时间亦不同。

1. 发芽期 从种姜萌发到第一片姜叶展开，包括催芽和出苗整个过程均为发芽期，从种姜幼芽萌动开始，到第一片姜叶展开，历期40～50天。生姜的发芽过程一般可分4个阶段，即幼芽萌动阶段、破皮阶段、鳞片发生阶段、成苗阶段。生姜发芽期主要依靠种姜贮存的养分发芽，生长速度慢，生长量也很小，只占全期总生长量的0.24%，但却是为后期植株旺盛生长打基础的时期，特别是播种时幼芽的大小对以后植株的生长和产量的形成有极大影响。因此，必须注意精选姜种，加强发芽期管理，创造适宜的发芽条件，以保证顺利出苗，并使苗全苗壮。

2. 幼苗期 生姜从展叶开始，到具有2个较大的侧枝，即俗称"三股杈"时期，为幼苗期结束的形态标志，需60～70天。这一时期，由依靠母体营养的异养形式，转变到姜苗能够吸收养分和制造养分并基本进行独立生活的自养形式。此期以主茎生长和发根为主，生长速度较慢，生长量也不大，该期生长量约占全期总生长量的1/10。幼苗期生长量虽然较小，但也是为后期产量形成打基础的时期，在栽培管理上，应着重提高地温，促进发根，清除杂草，搭棚或插影草遮阴，以培育壮苗。

3. 旺盛生长期 生姜三股杈以后地上茎叶和地下根茎同时进入旺盛生长时期，直到收获，需要80～90天。这一时期，主要表现为生长速度大大加快，一方面大量发生分枝，叶数也相应增多，另一方面地下根茎也迅速膨大起来，此期植株生长量占总生长量的91.93%。此期又分为2个阶段：9月上旬以前为盛长前期，或称发棵期，仍然以茎叶生长为主；9月上旬以后生长中心已转移到根茎，此时以根茎生长为主，为盛长后期，或称根茎膨大期。在栽培管理上，盛长前期应加强肥水管理，促进发棵，使之形成强大的光合系统，并保持较强的光合能力；盛长后期则应促进养分运输和积累，并注意防止茎叶早衰，结合浇水和追肥进行培土，为根茎快速膨大创造适宜的条件。

4. 根茎休眠期　生姜原产于热带，具有不耐寒、不耐霜的特性。我国大部分地区冬季寒冷，生姜不能在露地越冬，一般早霜来临时，茎叶遇霜枯死，如遇强寒流，根茎亦会遭受冻害，所以一般都在霜期到来之前便收获贮存，迫使根茎进入休眠，这种休眠称为强迫休眠。生姜收获后入窖贮存，保持休眠状态的时间因窖中贮存条件不同而异，短者几十天，长者几年。在生姜贮存过程中，要保持适宜的温度和湿度，既要防止温度过高，造成根茎发芽，消耗养分，也要防止温度过低，以免根茎遭受冷害。此外，还要注意防止空气干燥，以防根茎干缩，保持根茎新鲜完好，顺利度过休眠期，待第二年气温回升时再播种。

第二节　生姜的类型与品种

一、生姜分类

1. 按生物学特性分类　根据生姜的形态特征和生长习性，可分为疏苗型和密苗型 2 种类型。

（1）疏苗型　该类型植株高大，生长势强，一般株高 80～90 厘米，生长旺盛的植株可达 1 米以上。叶片大而厚，叶色深绿，茎秆粗而健壮，分枝较少，通常每株可生 8～12 个分枝，多者可达 15 个以上，排列较稀疏。根茎块大，外形美观，姜球数较少，姜球肥大，多呈单层排列，姜球节较少，节间稀疏。该类型丰产性好，产量高，商品质量优良。其代表品种如广州疏轮大肉姜、山东莱芜大姜等。

（2）密苗型　该类型植株高度中等，一般株高 65～80 厘米，生长旺盛时可达 90 厘米以上。生长势较强。叶色翠绿，叶片稍薄。分枝性强，单株分枝数较多，通常每株可具 10～15 个分枝，生长壮旺时可达 20 个以上。根茎姜球数较多，姜球较小，姜球上节较多，节间较短。姜球多双层排列或多层排列。根茎产量较高，品质好。其代表品种如莱芜片姜、广州密轮细肉姜、浙江临平红爪姜等。

2. 按产品用途分类 按照生姜根茎和植株的用途，可分为食用药用型，食用加工型和观赏型 3 种类型。

（1）**食用药用型** 即食药兼用型。我国栽培的生姜绝大多数都是这种类型的品种。其中，多数品种又以食用（包括做菜和调味）为主，兼有药用效果。属于这一类型的品种较多，如莱芜大姜、莱芜片姜、广州肉姜、铜陵白姜、兴国生姜、城固黄姜、河南张良姜、福建红芽姜等。也有少数品种以药用为主，兼供食用，如湖南黄心姜、湖南鸡爪姜等。

（2）**食用加工型** 生姜一般以嫩姜鲜食，老姜作为调料。除供蔬食以外，还可加工制成多种食品，其中以腌制品、糖渍品和酱渍品较多。作为加工原料，要求根茎纤维较少，含水量较高，质脆而肉质细嫩，颜色较淡，辛香味浓，辣味淡而不烈。适于加工用的品种如广州肉姜、浙江红爪姜、铜陵白姜、兴国生姜、福建竹姜、遵义大白姜等，用其嫩姜作原料进行加工，其产品色、香、味俱佳，品质甚好。

（3）**观赏型** 主要以其叶片上的美丽斑纹、花朵的颜色和形态、花的芳香以及整个植株的优美姿态供人观赏。属于姜科姜属的观赏姜，主要品种如莱舍姜（别名纹叶姜）、花姜（别名球姜或姜花）、斑叶茗姜、壮姜、恒春姜、河口姜等，主要分布在我国台湾省及东南亚一些地区。

二、生姜优良品种

1. 优良地方品种

（1）**莱芜小姜** 又名莱芜片姜。山东省莱芜市地方品种，山东省名特产蔬菜。生长势较强，一般株高 70～80 厘米，生长旺盛时可达 1 米以上。叶绿色，披针形，功能叶一般长 18～22 厘

米，宽 2～2.5 厘米。分枝性强，属于密苗型，通常每株具有
10～15 个分枝，生长旺盛的植株可分生 20 个以上。根茎黄皮、
黄肉，姜球数较多，排列紧密，节间短而密，姜球上部鳞片呈淡
红色。根茎肉质细嫩，辛香味浓，品质优良，耐贮，耐运，丰产
性好，一般单株根茎重 300～400 克，重者可达 1 千克以上，一
般亩①产 3 000 千克左右，高产田可达 4 000 千克。5 月上旬播
种，10 月中下旬收获，生长期 140～150 天。

（2）莱芜大姜 山东省莱芜市地方品种。植株高大，生长势
强，一般株高 75～90 厘米，在高肥水条件下可达 1 米以上。叶
片大而肥厚，叶长 20～25 厘米，宽 2.2～3 厘米，叶色深绿。茎
秆粗壮，分枝较少，一般每株可分生 8～12 个分枝，多者可达
15 个以上，属于疏苗型。根茎姜球数较少，姜球肥大，其上节
稀而少，多呈单层排列，生长旺盛时亦呈双层或多层排列。根茎
外形美观，刚收获的鲜姜黄皮、黄肉，贮存后呈灰土黄色，辛香
味浓，商品质量好，产量高，一般单株重约 500 克。在设施栽培
条件下，单株重可达 1.5 千克以上。通常亩产 2 500 千克，高产
田可达 4 000 千克。设施栽培亩产可达 5 000 千克以上。

（3）铜陵白姜 又名白皮生姜。安徽省铜陵农家品种。生长
势强，株高 70～90 厘米，生长旺盛的植株株高可达 1 米以上。
每丛有地上茎 15～20 根，地上茎绿色，叶片窄披针形，深绿色。
姜块长而肥大，姜指饱满，鲜姜表皮光滑，乳白至淡黄色，嫩芽
粉红，外形美观，肉质淡黄、细嫩、纤维少，辛香味浓，辣味适
中。品质优，除鲜食外，还适于腌渍、糖渍、脱水加工成各种姜
制品。当地 4 月下旬至 5 月上旬播种，高畦栽培，搭高棚遮阳，
10 月下旬收获。一般单株根茎重 300～500 克，亩产鲜姜
1 500～2 500 千克。

（4）舒城生姜 安徽舒城县农家品种。长势强，株高约 80

---

① 亩为我国非法定计量单位，15 亩＝1 公顷。——编者注

厘米，茎粗，分枝 10～12 个，茎枝丛生角度小，叶披针形，长约 20 厘米，宽约 2.5 厘米，深绿色，根茎肥大，表面光滑，长约 5.5 厘米，宽约 3.2 厘米，皮肉均黄色，嫩芽粉红色，单株根茎 400～500 克，亩产鲜姜 1 500～2 000 千克。产品肉质松脆，辣香味浓，纤维少，品质佳，用于调味品，亦适于加工。生长期长，有较强的适应性，较耐热、耐旱，但不耐涝。当地立夏前后播种，10 月下旬收获。

（5）广州疏轮大肉姜　又称单排大肉姜。广州市郊农家品种。适于作调味品和糖渍，用其加工的糖姜，是广东的出口特产。植株较高大，长势较强，一般株高 70～80 厘米，叶深绿色，分枝较少，茎秆粗 1.2～1.5 厘米。根茎肥大，皮淡黄色，肉黄白色，嫩芽粉红色。姜球多呈单层排列，纤维较少，质地细嫩，辛味不烈，外形美观，品质优，产量较高。抗病性稍差。一般单株重 1 000～2 000 克，间作亩产 1 000～1 500 千克。在当地一般于 2～3 月份种植，7 月至翌年 2 月均可收获鲜姜，根茎可在田间越冬。多进行间作套种。

（6）广州密轮细肉姜　又称双排肉姜。广州市郊农家品种。株高 60～80 厘米，叶片披针形，青绿色，叶长 15～20 厘米，宽 2～2.5 厘米。分枝力强，单株分枝数较多，姜球较小，多呈双层排列。根茎皮、肉皆淡黄色，肉质致密，纤维较多，辛辣味稍浓，抗旱和抗病性较强。一般单株重 1 000～1 500 克，间作亩产 1 500～2 000 千克。生长期 150～180 天，喜阴凉，适于间作，忌土壤过湿。通常 2～3 月份播种，单行或双行种植，7～8 月份收嫩姜，10 月份以后收老姜。

（7）浙江红爪姜　别名大秆黄。浙江省嘉兴市及杭州市农家品种。生长势强，株高 65～80 厘米，开展度 45～55 厘米。叶披针形，浓绿色，互生，叶长 22～25 厘米，宽约 3 厘米。植株分枝力强，一般每株可具地上茎 22～26 个，茎粗 1 厘米左右。根茎较肥大，上下高 10～13 厘米，左右宽 23～28 厘米。姜球多，皮黄色，肉质蜡黄，芽带红色（故名红爪）。根茎纤维少，质地细，辛辣味稍浓，品质优良。嫩姜可糖渍或腌渍，老姜多作调料。一般单株根茎重 400～500 克，重者可达 1 千克以上。亩产 1 200～1 500 千克，高产田 2 000 千克左右。喜温暖湿润，不耐寒冷干旱，抗病性稍弱。通常 4 月下旬至 5 月上旬播种，每亩种植 4 000～5 000 株，6 月上旬搭棚遮阴，9 月上旬拆棚。为提早上市或进行加工，可于 8 月上旬收获嫩姜，11 月上中旬收获老姜。

（8）浙江黄爪姜　浙江省杭州市余杭区临平农家品种，在当地栽培历史悠久。一般株高 60～65 厘米，开展度 40～50 厘米。每株发生分枝 13～17 个。叶片深绿色，长 22～24 厘米，宽 2.8～3 厘米。根茎中等大小，上下高 10～13 厘米，左右宽 20～22 厘米，姜球较小，节间短，排列较紧密。根茎淡黄色，芽不带红色（故名黄爪）。姜块肉质致密，辛辣味较浓，植株抗病性较强，产量较低，单株根茎重 250～400 克，一般亩产 1 000～1 500 千克。当地于 4 月下旬播种，6 月下旬收挖种姜，8 月上旬采收嫩姜，11 月上旬收获老姜。

（9）兴国生姜　江西省兴国县留龙乡九山村古老农家品种。生长势较强，株高 70～90 厘米，叶片披针形，绿色，叶长 22～25 厘米，宽 2.8～3 厘米，分枝较多，茎粗 1.1～1.2 厘米，茎秆基部稍带紫色并具特殊香味。根茎肥大，姜球呈双层排列，皮淡黄色，肉黄白色，嫩芽淡紫红色，质地脆嫩，纤维少，辛辣味中等，品质佳，耐贮、耐运。一般单株根茎重 300～400 克，亩产 1 500～2 000 千克。当地通常于 4 月上中旬播种，行距 50 厘米，株距 26 厘米，种后于沟南侧插稻草或麦秆作姜障遮阴，9 月上旬拔除。6 月初收取种姜，10～12 月份采收鲜姜。

（10）抚州生姜　江西省抚州市临川区及东乡县农家品种。植株直立，株高 70 厘米左右，叶片披针形，青绿色，长 20 厘米左右，宽约 2.5 厘米。地上茎圆形，粗 0.7～1.2 厘米。根茎表皮光滑、淡黄色，肉黄白色，嫩芽浅紫红色。纤维较多，辛辣味强。一般单株重400克左右，亩产1800～2000千克。生长期150天左右，4月下旬播种，行距52厘米，株距20厘米。性喜阴湿温暖，不耐寒冷与酷热，宜间作或搭棚遮阴，10月下旬收获。

(11) 来凤生姜　又称凤头姜。湖北省来凤县农家品种，在当地栽培历史悠久。植株较矮，叶披针形，生长势强，株高50～70厘米，绿色。根茎黄白色，嫩芽处鳞片紫红色，姜球表面光滑，肉质脆嫩，纤维少，辛辣味较浓，香味清纯，含水量较高，品质优良。除作调料外，还适于加工成蜜饯，但耐藏性稍差。一般亩产1500～2000千克。通常于4月下旬至5月上旬种植，10月下旬至11月初收获。

(12) 枣阳生姜　湖北省枣阳市农家品种。根茎鲜黄色，姜球不规则排列，辛辣味较浓，品质良好。既可作辛香调料，亦可作腌渍原料。畏强烈阳光，也不耐高温，生长期间需搭荫障。单株根茎重300～400克，大者可达500克以上，一般亩产2500～3000千克。当地于5月上旬播种，10月下旬收获。

(13) 长沙红爪姜　湖南省长沙市地方品种。株高75厘米左右，株型稍开张，叶披针形，深绿色，长25厘米，宽2.7厘米，叶互生，在茎上排成2列，叶片表面光滑。根茎呈耙齿状，表皮淡黄色，姜肉黄色，嫩芽浅红色。单株根茎重300～500克，一般亩产1000～1500千克。生长期150天左右。

(14) 常宁无渣生姜　湖南省常宁市地方品种。此姜嚼之无渣，故名。姜块外形肥大，姜瓣粗壮，肉质脆，姜质细嫩，姜味柔和，是制作菜肴的上等调味品。亩产1250～1500千克。

(15) 新邵黄肉　湖南新邵地方品种。植株生长势强，姜块大小中等，分枝较多，单株姜块重400～600克，块状根茎表皮黄白色，姜肉淡黄色，颜色美观，含水量较低，纤维较多，辣味浓，粉质中等。可作调料，适宜加工干姜、盐姜和姜粉等。

生长期 190 天左右，适应性强，较耐旱，耐贮存，适于丘陵山地栽种。

（16）四川竹根姜　四川省地方品种。根茎瘦长似竹根，又叫竹筋姜。植株高 70 厘米左右，叶披针形，绿色。根茎为不规则掌状，表皮淡黄色，嫩芽及姜球顶部鳞片紫红色，肉质脆嫩，纤维少，品质优，适宜软化栽培。产量较高，一般单株根茎重 250～500 克，亩产 2 500 千克。

（17）绵阳生姜　四川省绵阳市郊区地方品种。植株较高大，一般株高 75～100 厘米，分枝性强，叶披针形，长约 27 厘米，宽 3～3.5 厘米，绿色。根茎为不规则掌状，淡黄色，纤维少，质地脆嫩，品质优良。一般单株根茎重 500 克左右，亩产 2 000～2 500 千克。当地 4 月上旬种植，穴播或沟播。

（18）玉林圆肉姜　广西壮族自治区地方品种。一般株高 50～60 厘米，叶宽披针形，青绿色，长 20～25 厘米，宽 3～3.5 厘米。分枝较多，根茎皮色淡黄，姜肉黄白色，芽紫红色，肉质细嫩，辛香味浓，辣味淡而不烈，品质佳，较早熟，不耐湿，较抗旱，抗病性较强。生长期 180～230 天，当地于 2 月中下旬播种，行距 60 厘米，株距 40 厘米，5 月份进行小培土，7 月份大培土，8 月中旬以后开始采收嫩姜，9～10 月份为收获适期。产量较高，一般单株根茎重 500～800 克，最重可达 2 千克以上。

（19）遵义大白姜　贵州省遵义市及湄潭县农家品种。根茎肥大，表皮光滑，姜皮、姜肉皆黄白色，富含水分，纤维较少，质地脆嫩，辛辣味淡，品质优良。嫩姜宜炒食或糖渍。一般单株根茎重 350～400 克，重者可达 500 克以上。一般亩产 1 500～2 000 千克。

（20）福建红芽姜　主要分布于福建省。植株生长势强，分支较多，根茎皮淡黄色，肉质蜡黄色，芽及叶鞘基部鳞片淡红色。根茎纤维少，质地嫩，风味好。一般单株根茎重 500 克左右。

（21）台湾胖姜　闽南当家品种。根状茎特别肥大幼嫩，因此称为胖姜，且粗纤维少，皮肉均呈淡黄色，一般单株根茎重500～1 000克，亩产5 000千克。鲜炒、盐渍、佐餐俱佳，是制作蜜饯的上等原料。当地适播期为清明后至谷雨，初霜到来之前11月上中旬收获。

（22）城固黄姜 陕西省城固县地方品种。株高70～80厘米，叶宽披针形，深绿色，长约25厘米，宽约3厘米。每株具分枝12～15个，最多可达30个以上。根茎较肥大，表皮光滑，鲜姜黄皮、黄肉，姜球顶部鳞片粉红色。老姜表皮黄褐色，肉黄色。姜丝细，姜汁浓，含水分较少，辛辣味较强，品质好。一般单株根茎重300～400克，最大可达900克左右。一般亩产2 000千克，高产田可达2 500～3 000千克。

（23）河南张良姜 河南省鲁山县张良镇地方品种。相传在汉代曾把张良姜列为贡品，因而古今有名，为河南省著名土特产之一。芳香味浓，辣味持久，质地细嫩，纤维较少，品质好，久煮不烂，耐贮，耐运，可长年贮存。丰产性好，一般亩产2 500千克左右。

2. 人工选育的生姜优良品种

（1）山农大姜1号 山东农业大学自国外引进，通过组培试管苗诱变选择而成。植株高大粗壮，生长势强，一般株高80～100厘米。叶片大而肥厚，叶色浓绿。茎秆粗，分枝数少，通常每株具10～12个分枝，多者可达15个以上。根茎皮、肉淡黄色，姜球数少而肥大，节少而稀。一般单株根茎重800克左右，重者可达2千克以上。一般亩产3 500千克，高产者可达5 000千克以上。

（2）山农大姜2号 山东农业大学自国外引进，通过组培试管苗诱变选择而成。植株高大，生长势强，一般株高90～100厘米。叶片宽而长，开张度较大，叶色较浅。茎秆粗，分枝数少，通常每株具10～12个分枝，多者可达15个以上。根茎黄皮、黄肉，姜球数少而肥大。一般单株根茎重600克左右，重者可达

1 500 克以上。一般亩产 3 000 千克，高产者可达 5 000 千克。

（3）鲁姜 1 号　莱芜市农业科学研究院选育。姜块大，且以单片为主，姜丝少，肉细而脆，辛辣味适中。姜苗粗壮，长势旺盛，平均株高 110 厘米。叶片开展宽大，叶色浓绿。根系稀少粗壮。平均单株姜块重 1 千克，亩产 4 500 千克（鲜姜 5 300千克）。

（4）辐育 1 号　莱芜市农科所选育。取材于莱芜大姜，单产高，增产幅度大。抗寒性强，产量高，商品性好，耐贮运。植株高大粗壮，生长势强，一般株高 80～100 厘米。地上茎粗，分枝一般 10～15 个。姜根少而壮，根茎黄皮黄肉，姜球少而肥大，姜块大且以单片为主，节少而稀，奶头肥胖，姜丝少，肉细而脆，辛辣味适中，品质佳。一般单株根茎重 1 千克左右，重者达1.2 千克，亩产量高达 4 200 千克（鲜姜 5 000 千克）。

（5）金昌大姜　山东昌邑市德杰大姜研究所选育。生长势强，根茎膨大速度快，对病害有较强的抗性。属疏苗类型，植株中等偏矮，一般株高 80～100 厘米，茎秆粗壮，每株分枝 8～13个，叶片肥厚，深绿色，根茎节少而稀，姜块肥大，颜色鲜黄，姜汁多，纤维少。姜球呈品字形排列，单株根茎重 0.8～1.2 千克，重者可达 4 千克以上，亩产量 4 500 千克左右。质地脆嫩，辛辣味淡，可直接用于鲜食。

三、生姜品种选择

我国生姜地方品种较多，特性各异，应根据栽培目的选用适宜的品种。首先，应考虑选用高产品种，如山农 1 号、山农 2号、莱芜大姜等；其次，应考虑销售市场，如日本市场要求姜块肥大、皮色鲜黄光亮，中东及东南亚地区一般要求姜块中等大小。此外，还应考虑加工方式，如脱水加工要求根茎干物质含量高，腌渍加工要求根茎鲜嫩、纤维素含量低，而精油加工则要求根茎挥发油含量高。

第三节　生姜主要栽培技术

一、栽培季节

生姜起源于南方热带森林地区，经长期的系统发育形成了喜温暖、不耐寒、不耐霜的特性，因而要将生姜的整个生长期安排在温暖无霜的季节。具体确定生姜的播种期应考虑以下 3 个条件：一是在终霜后地温稳定 16℃以上时播种；二是从出苗至初霜适于生姜生长的天数应在 135 天以上，生长期间 15℃以上有效积温达 1 200～1 300℃；三是把根茎形成期安排在昼夜温差大而温度又适宜的月份里，以利于产品器官的形成。

我国地域辽阔，各地气候条件相差很大，满足上述条件的时间亦有较大差别，因而各生姜产区适宜的播种期各不相同。如广东、广西等地全年气候温暖，冬季无霜，播种期不甚严格，1～4月份均可播种；长江流域各省，露地栽培一般于谷雨前后，即 4月下旬至 5 月上旬播种；华北地区多在 5 月中旬播种；东北、西北等高寒地区无霜期短，露地条件下种植生姜产量较低。适期播种是获得高产的前提，若播种过早，地温尚低，热量不足，播后种姜迟迟不能出苗，极易导致烂种或死苗；播种过晚，则出苗迟，缩短了生长期，影响产量。播种原则是在适宜的播种季节内，以适当早播为好，播种越迟，产量越低。

我国北方无霜期短，限制了生姜的生长和产量进一步提高，因此采用设施栽培生姜，可提早播种，延迟收获，从而延长生姜的生长期，进一步提高生姜产量。目前生姜设施栽培的形式多种多样，如采用地膜、拱棚、日光温室栽培等，但考虑到投入产出问题，除高寒地区应用日光温室栽培外，其他地区多采用地膜覆盖及塑料拱棚保护栽培。地膜覆盖仅可提高地温，只能用于提早播期，一般提前 15～30 天播种，产量可提高 20％以上。塑料拱棚既可提高地温，又可提高气温，因而既能提早播种，又能延迟收获，可提前 20～30 天播种，产量可提高 30％以上。用小拱棚加地膜覆盖栽培，用大拱棚加地膜覆盖，可提前播种 20～30 天，延迟采收 15～20 天，产量可提高 45％以上。

二、培育壮芽

1. 晒姜与困姜　于适期播种前 20～30 天（北方多在清明前后，南方则在春分前后），从贮存窖内取出姜种，用清水洗去姜块上的泥土，平铺在草席或干净的地上晾晒 1～2 天。晒姜的作用，一是提高姜块温度，打破休眠，促进体内养分分解，加快种姜发芽速度；二是减少姜块中的水分含量，防止姜块腐烂；三是有利于选择健康无病姜种。种姜晾晒 1～2 天后，再放入室内堆放 3～4 天，用草苫覆盖姜堆以促进养分分解，这个过程称为"困姜"。一般经过 2～3 天晒姜和困姜即可开始催芽。必须注意，晒姜要适度，切不可晒得过度，尤其是较嫩的姜种，不可暴晒。中午若阳光强烈，可用席子遮阴，以免姜种失水过多、姜块干缩、出芽细弱。另外，傍晚要将种姜收进室内，以防夜间受冻。若是从外地调进的种姜，晒姜前最好用 1.1∶1∶120 波尔多液浸种 2 分钟，或用草木灰浸出液浸 10～20 分钟，以防传播病菌。

2. 选种　晒姜和困姜过程中及催芽前需进行严格选种。选种时应选择姜块肥大、丰满，皮色光亮，肉质新鲜，不干缩、不腐烂、未受冻，质地硬，无病虫危害的健康姜块做种。严格淘汰瘦弱干瘪、肉质变褐及发软的姜块。种姜块大小对植株生长和产量有明显影响。种姜块大小以 70～100 克为宜，每亩用姜种 500 千克左右。至收获时，种姜不腐烂，仍可回收作为商品出售。若种姜块太小，则植株瘦弱，生长不旺，分枝少，根茎小，产量低。

3. 催芽　催芽可使种姜幼芽快速萌发，且种植后出苗快而整齐。我国南方温暖地区种姜出窖后多已现芽，可不经催芽即播种。多数地区春季仍低温多雨，应进行催芽。催芽的过程，北方多在谷雨前后进行，称"炕姜芽"，南方多在清明前后进行，称

"熏姜"或"催青"。催芽的方法各地各不相同，现简要介绍几种。

（1）室内催芽法　在室内用土坯或砖建一长方形催芽池，池墙高80厘米，长、宽依姜种多少而定。先在池底及四周铺一层10厘米厚、事先晒过的麦糠，再铺上3～4层草纸。晴天晒姜后，趁姜体温度高，将种姜层层平放池内，堆放厚度以50～60厘米为宜。盖池时先在姜堆上部铺10厘米厚麦糠，再盖上棉被或棉毯保温，保持池内20～25℃。经10～12天幼芽萌动，再过10天左右，幼芽0.5～1.5厘米时即可下地播种。室内催芽也可将种姜装于席篓、竹筐等容器内，四周及底部垫塑料薄膜和3～5层草纸，将晒好的姜种放于其中，排好之后，将口封严。然后在室内生火，保持20～25℃，经25天左右，幼芽可长至0.5～1.5厘米。

（2）室外催芽法　在阳光充足的地方建一催芽池，催芽池有地上式、半地下式2种。地上式催芽池是在地面以上垒一个四周墙高80厘米的池子；半地下式催芽池是在地面挖25～30厘米深、地上垒50～55厘米高的墙，其余同地上式催芽池，长宽不限。放姜种前先于底部及四周铺5～10厘米厚的干草，然后将姜种层层放好，姜种堆放厚度不超过50～60厘米，再在上面盖5～10厘米厚干草，最后用干草泥封住。也可不垒池子，将姜种堆放于背风向阳处，四周盖干草，再用干草泥封住。为了增加催芽池内部的透气性，可根据姜种多少及池的大小，在池内姜堆上部留一个直径15～20厘米的通气孔，孔中竖插几把高粱或玉米等作物秸秆，使其伸出顶部。经20～25天即可使芽长到1厘米左右。

（3）铜陵姜阁催芽法　选地势高燥、避风向阳处，建高8米，长、宽各4～8米的姜阁，墙内外均敷泥封实，以防冷风侵入，屋顶盖瓦，以利通气。阁内距地面1.3～2米处用木料架设楼棚，在棚上相间铺钉毛竹片，并用竹栅分成4～8室，状如蒸笼底，中央留一个约70厘米见方的火道，作为烧火时热气上升和摆放姜种时操作人员的上下通道。贮姜前在竹栅上垫 3～4 层干荷叶，在姜阁一侧上部开一窗，约 33 厘米见方，以便排除水汽。种姜上阁入室后，上面再用荷叶盖严，以后在楼下烧火加温，每日早晚各 1 次，每次烧 40～60 分钟，目的是使生姜发汗脱水，使阁内温度保持在 12～14℃。

（4）阳畦及温室催芽法　随着设施蔬菜的发展，各地阳畦发展很快，湖南衡阳及四川成都等地利用阳畦催芽：在避风向阳处建宽 1.5 米、深 0.6 米、长依姜种多少而定的阳畦，在底及四周铺一层 10 厘米厚的麦糠，将晒好的姜种摆放其中，厚 30～35 厘米，姜块上面再盖 15 厘米厚的麦糠，保持黑暗，上部插上拱架，盖好塑料薄膜。为防夜间受冻，太阳落山前在薄膜上加盖草苫保温，有条件的还可在阳畦内铺地热线加温。阳畦催芽法姜种摆放薄，内部通气性好，温度也较易控制，因而催芽时间可缩短 3～5 天。

（5）大棚（温室）催芽法　在竹筐或纸箱底部垫一层 5～10 厘米厚的麦秆或草纸，将晒好的姜放入，厚度 30～35 厘米，上部盖一层麦秆或草苫，将竹筐或纸箱放入大棚或温室内即可，控制棚（室）温度 20～25℃。此法可缩短催芽时间 3～5 天。

（6）深洞催芽法　选地势高、土层深厚的山边挖洞贮姜，种姜贮存期间即可发芽。用竹篓装好姜放入洞内，密封洞口，4 月下旬开洞取姜。此法在湖南省山区常用。

不论采用哪种催芽方法，在催芽过程中，应按种姜发芽要求的适宜温度进行管理，控制好催芽温度 22～25℃，不可过低或过高，如高于 28℃，虽发芽较快，但姜芽往往徒长、瘦弱，尤其是阳畦催芽，晴天中午应特别注意温度变化，若温度太高，应及时通风降温。如温度过低，出芽太慢，影响适时播种。在保证透气的条件下，尽量增加覆盖物厚度，减少水分蒸发，注意保湿。同时，催芽也应适度，幼芽适度的标准：芽长 0.5～2 厘米，芽粗 0.6～1 厘米，幼芽黄色，色泽鲜亮，顶部钝圆，肥壮，以芽基部仅见根的突起为好。催芽大小适度才有利于获得高产。若催芽过大，则幼芽易受损伤，并明显表现早衰，将导致产量降低。

三、播　　种

1. 整地施肥　姜田应选择土层深厚、有机质丰富、保水保肥、能灌能排、呈微酸性反应的肥沃壤土，最好实行3～4年以上轮作，一般来说，近2～3年内发生过姜瘟病的地块不可种姜。选定姜田后，通常于前茬作物收获后进行秋耕（北方）或冬耕（南方），翌年土壤解冻后，细耙1～2遍，并结合耙地施入农家肥，一般每亩施优质腐熟鸡粪5～8米³、尿素25千克、过磷酸钙50千克，也可直接施入氮磷钾复合肥50千克。北方姜区种姜，一般每亩施饼肥75～100千克。南方种姜多采用盖粪施肥方式，即先摆放姜种，然后盖上一薄层细土，每亩再撒入5 000千克农家肥或少许化肥，最后盖土2厘米厚即可。

由于南北方气候条件不同，生姜的栽培方式也不相同。北方多采用沟种方式。具体做法：在整平和细的地块上按东西向或南北向开沟，沟距55～65厘米，沟宽25厘米，沟深15～20厘米。南方姜区因雨水多，一般采用高畦栽培，以便于排水。具体方式：畦宽1.2米、畦间沟宽30厘米、深20厘米左右的高畦，可种生姜3行；畦宽2～2.4米，畦间沟宽40厘米、深40～50厘米的深沟宽高畦，种生姜4～5行；间距40厘米、高30厘米高垄，在垄上开10～12厘米浅沟栽培生姜。有的地方采用3～4米宽高畦，在畦面上横向按35～40厘米行距开深10～13厘米沟栽培生姜。

2. 掰选姜种　种姜播入地里之前一般都要进行掰姜种，将大块的种姜掰开。掰姜时一般要求每块姜上只保留1个短壮芽，少数姜块可根据幼芽情况保留2个壮芽，其余幼芽全部去除，以便使养分集中供应主芽，保证苗壮苗旺。掰姜时若发现幼芽基部发黑或掰开的姜块断面褐变，应予以严格剔除。掰姜除应选留壮芽外，还应考虑姜块大小，一般掰开的姜块重量在70~80克。掰姜时可按种块大小及幼芽强弱进行分级，种植时分区种植，分别视生长情况进行管理。播种前用250~500毫克/升乙烯利浸种15分钟，可促进种姜发芽，发芽速度快，出苗率高。

4. 浇底水 为保证幼芽顺利出土，应在种姜播种前在姜田中浇一遍底水，底水必须浇透。一般在沟内施肥后，于播种前1~2小时进行，浇水量不宜太大，要保证水分正好渗完，不能留有积水。

5. 摆姜 底水渗下后，按一定株距将掰好的用乙烯利溶液浸过的姜种排放沟中。排放姜种的方法：一是平摆法，即将姜块水平放在沟内，使姜芽方向保持一致，如果是东西向沟，姜芽一律向南；南北向沟畦的姜芽一律向西摆放。种姜摆放好后，用手轻轻按入泥中，使姜芽与土面相平。再在姜芽上面盖一层湿土。此法便于取老姜，应用居多。二是竖摆法，即将姜块竖直按入泥中，姜芽一律朝上。此法种姜与新株上的姜母上下相连，扒老姜时易伤根，操作也不方便。种姜摆放好后，在姜块上覆盖一层湿土，然后用铁耙子耧平耧细土面。厚度以4~5厘米为宜，过厚或过薄，均不利于种姜生长发育。

6. 播种密度和播种量

（1）播种密度 确定适宜种植密度的原则：在土质肥沃、肥水充足、种姜块较大、生长期长和管理精细的条件下，行、株距应适当加大；在山岭薄地及肥水不足、种块较小或生长期短的条件下，增加密度，争取较高的产量。

北方多采用沟播扶垄的栽培方式，对露地栽培疏苗型大姜品种的适宜种植密度，大致分为3种情况：一是高肥水田，可采用行距60~65厘米、株距20~22厘米的营养面积，每亩种植5 500株左右。二是中肥水田，可采用行距55~60厘米、株距18~20厘米的营养面积。三是低肥水田，可采用行距50~55厘米、株距 18～20 厘米的营养面积，每亩种植 7 000 株左右。种植密苗型小姜品种，较疏苗型大姜品种每亩增加 500～1 000 株。

在南方各地，由于种植方式各异，种植密度也不相同。一是重庆一带的埂子姜，即开沟筑姜埂，将种姜栽于沟中，以嫩姜供菜用进行软化栽培，埂底宽 33～35 厘米，沟底宽 14～15 厘米，一般株距 16～17 厘米。二是安徽铜陵的平畦或高畦姜，通常畦宽 2 米左右，与畦向垂直横向开沟，沟距 60 厘米，株距 20～24 厘米，每亩种植 4 500～5 500 株。三是窝子姜，一般畦宽 115～130 厘米，按行距和株距各 33 厘米，挖窝穴播，窝子要深一些，生长期内进行分次培土。

（2）播种量　生姜的播种量受姜块大小和种植密度的影响，一般高产优质栽培用种块大，用种量也多，每亩 400 千克左右。若一般地块或新发展姜区，用种量可略少，但不能低于 300 千克。

四、田间管理

1. 遮阴

（1）遮阴的作用　生姜为耐阴植物，不耐高温强光，在花荫状态下生长良好，而且，生姜幼苗期正处夏季，天气炎热，阳光强烈，空气干燥，如无遮阴措施，则姜苗矮小，生长不良，因此无论南方或北方均进行遮阴栽培。遮阴不仅可避免强光直射，为姜苗生长创造适宜的光照条件，减轻强光对姜苗生长的抑制作用，而且可以改善田间小气候，降低地温和气温，减少土壤蒸发，提高光合作用，促进姜苗旺盛生长；使土壤水分比较稳定，保持空气湿润，减轻干热风对姜苗的不良影响，为姜苗创造良好的生长环境，促进生姜生长健壮，从而提高根茎产量。

（2）遮阴的时间　一般从 5 月上旬或生姜出苗达 50％时开始，直到 8 月下旬或 9 月上旬，此时天气转凉，光照渐弱，植株进入旺盛生长期，群体迅速扩大，植株间开始互相遮阴，若不及时去除，会造成光照不足，对植株生长、光合面积扩大和光合作用提高产生不利影响。

（3）遮阴的方式

①插姜草：插姜草是北方传统的遮阴方式。具体方法是：种姜播种后，趁土壤潮湿松软在姜沟的南侧插上谷草，每 3～4 根谷草为一束，按 10～15 厘米的距离交互斜插于土中，并编成花篱，高 70～80 厘米，稍稍向北倾斜，使姜沟沟面呈花荫状态。每亩用谷草 400 千克左右。如为南北向种植沟，应将谷草插在姜沟的西面。如无谷草，可用新鲜玉米秸或树枝代替，也有良好的遮阴效果。山区种姜遮阴材料可就地取材，用干杨树枝代替谷草，也具有良好的遮阴效果。立秋以后，天气逐渐转凉，光照减弱，即可拔除姜草。

②搭姜棚：长江以南地区多用此方法。一般于幼芽出土后在畦面搭棚，用 2～3 厘米粗竹竿或木棍插立畦两侧，再在其上1.7～2.0 米处绑横档小竹竿，其上覆茅草或秸秆，用绳固定，每亩用竹竿 400 根、茅草 350 千克左右。处暑至白露拆除姜棚，故有"端午遮顶，重阳见天"的农谚。遮阴物拆除不宜过晚，过晚容易造成植株徒长，从而致使产量降低。此法是一种传统的地上遮阳方式，需花费大量人力物力。

③遮阳网：采用透光率 40％的遮阳网。在生姜种植前，打好木桩（或水泥桩），高度不低于 1.5 米，将几幅遮阴网缝接在一起，以 4～5 幅为宜。生姜播种后，把遮阳网固定在木桩上面。此法操作简单，后期姜田内施肥、喷药、除草、培土等作业也方便，可提高产量 50％以上。但应注意预防姜螟等害虫。

④黑色地膜覆盖：播种后将双层黑色地膜拉紧覆在沟两侧垄上。如果采用透明地膜覆盖栽培，于生姜出苗前将一层黑色地膜覆在原来的透明地膜上，将地膜塞紧。此法比传统的遮阳方式降温保湿效果更好，产量提高，成本降低。

⑤地面覆草：生姜播种后，在姜沟表面均匀地覆盖一层 3～

5厘米厚的麦秸或其他秸秆，每亩用麦秸200～300千克。此法省工省力，操作简便，成本低廉，而且有比地上遮阳更好的降温保湿效果。但因秸秆重量较轻，且覆在沟底，易被风吹，浇水困难。

⑥间作遮阴：播种后出苗前根据当地消费习惯及作物上市行情，可在姜行间及时播种或定植玉米或辣椒、西瓜、苦瓜、丝瓜、冬瓜、豇豆、粉葛、脚板薯等作物，藤本作物要及时搭架，引蔓上架，9月中、下旬前应收获间作物。采用此法遮阳可提高土地利用率，降低生产成本，适宜大面积推广，但应加强间作物等病虫害防治。山东莱芜和滕州的生姜产区采用麦、姜套种方式，广东省实行姜、芋间作，湖南新邵、邵阳、邵东等地实行与玉米或向日葵间作。

2. 水分管理 生姜喜湿润而不耐干旱，其根系较浅而不发达，吸水能力较弱，难以利用土壤深层的水分。雨季来临时，姜苗亦不耐涝。因此，在栽培中必须根据生姜的需水特性合理进行排灌，才能使生姜健壮生长。

(1) 发芽期水分管理 播种时必须浇透底水，以保证生姜顺利出苗。播种后，通常在出苗达70%左右时浇第一次水，应根据当地的气候、土质及墒情灵活掌握。如为沙质土壤，保水性一般较差，遇干旱天气，土壤蒸发快，需经常保持土壤湿润，以防土壤表面板结而影响出苗；如为黏性土壤，保水性能较好，土壤墒情较适宜，则可待出苗70%左右再浇水。浇第一次水后2～3天，浇第二次水，并中耕保墒，可使姜苗生长壮旺。

(2) 幼苗期水分管理 幼苗期植株较小，生长缓慢，需水不多，但苗期正处于高温干旱季节，土壤蒸发快，为保证幼苗生长健壮，此时不可缺水。在整个幼苗期要注意供水均匀，不可忽干忽湿，若供水不均匀，不仅姜苗生长不良，而且常使发生的新叶扭曲不展，俗称"缩辫子"，影响姜苗正常生长。

北方地区在幼苗生长前期以浇小水为宜，浇水后趁土壤见干见湿时进行中耕浅锄、松土保墒，以利于提高地温，促进根系发育。幼苗生长后期已进入夏季，天气干热，土壤蒸发量大，消耗水分多，应适当增加浇水次数和浇水量，经常保持土壤相对含水量在70%左右。夏季以早晨或傍晚浇水为好，不要在中午浇水。另外，夏季暴雨之后，应以浇跑马水的方式及时浇井水降温，俗称"涝浇园"。同时，还应及时排水，以免姜田积水引起姜块腐烂。

南方地区幼苗生长前期气温较低，雨水较多，应注意防止姜田积水和姜苗受涝，搞好田间清沟排水工作，做到沟沟相通，雨后可及时排水。在幼苗生长后期，气温升高，在水源不足的地方常在夏至前后结合中耕培土，用稻草、麦秆、油菜籽、油菜荚壳、蚕豆荚秆等覆盖姜行畦面，有一定的防旱保墒效果。

（3）旺盛生长时期水分管理 生姜大量分枝时期需水量明显增多，应根据需要及时供水，以促进根茎快速生长。如缺水或干旱，轻者植株生长缓慢，叶片萎蔫，植株瘦弱，严重时心叶不展，多数叶片上卷甚至植株枯萎死亡。

北方地区在立秋以后，生姜便进入旺盛生长时期，需水量也相应增多。为了满足该生长时期对水分的要求，根据天气情况，一般每隔4～6天浇一次大水，以经常保持土壤相对含水量在75%～80%，促进产品器官迅速形成。至收获前3、4天再浇一次水。在水源不足的地方种植生姜，为了节约用水，可实行喷灌。若夏秋气温较高而久晴无雨时，为防姜苗受旱，还可采取傍晚灌跑马水的方法，均可收到较好的效果。

南方地区在幼苗生长前期气温较低，雨水较多，影响姜苗根系生长。为了防止姜田积水和姜苗受涝，应搞好田间清沟排水工作，做到沟沟相通，雨后可及时顺利排水，雨停水干，有利于姜苗生长。在幼苗生长后期，气温升高，在水源不足的地方，为了保持土壤湿润，减少水分蒸发，常在夏至前后结合中耕培土，用稻草或麦秆、油菜秆、油菜荚壳、蚕豆荚壳等覆盖姜行畦面，对防旱保墒有良好效果。生姜生长后期最忌渍水，一般在9月份以后，秋雨较多，此时必须清沟沥水防渍，为根茎膨大创造适宜条件。

3. 科学施肥

（1）施肥时期　施肥时期对生姜产量有较大影响，在肥料种类和数量都相同的情况下，施肥时期不同，其产量有明显的差异。按照生姜需肥特性进行分次追肥，比播种时集中一次施肥效果好得多，产量也高。

北方各生姜产区，除施足基肥外，一般多进行3次追肥。第一次追肥在幼苗期，通常于苗高30厘米左右，并具1～2个小分枝时进行，称为"小追肥"或"催苗肥"。这次追肥以氮肥为主，每亩可施用硫酸铵或磷酸二铵20千克左右。若播期较早，苗期较长，可随浇水进行2～3次施肥，每次施肥数量同第一次。第二次追肥在立秋前后，大量积累养分形成产品器官，对肥水需求量增大，为确保姜田高产，应结合姜田除草进行第二次追肥，称为"大追肥"或"转折肥"。一般每亩用细碎饼肥70～80千克、腐熟鸡粪3～4米^3、复合肥50～100千克（或尿素20千克、磷酸二铵30千克、硫酸钾50千克）。如无饼肥，亦可施用腐熟优质厩肥3 000～4 000千克，在姜苗北侧距植株基部大约15厘米处开一条施肥沟，将肥料撒入沟中并与土壤混匀，然后覆土封沟即可。第三次追肥在9月上旬，当姜苗具6～8个分枝时，也正是根茎迅速膨大时期，可根据植株生长势适时进行第三次追肥，称为"补充肥"或"壮姜肥"。一般每亩施复合肥25～30千克或硫酸铵25～30千克、硫酸钾25千克。对土壤肥力高、植株生长茂盛的姜田，则应酌情少施或不施氮肥，防止茎叶徒长而影响养分积累。

南方各生姜产区，雨水充沛，为防养分渗漏和流失，多采用少吃多餐的方式分期多次追肥。一般在姜苗高8～10厘米时追施第一次肥（即提苗肥），每亩施硫酸铵10～15千克或人畜粪

1 000千克。第二次追肥（即壮苗肥），每亩施腐熟菜籽饼40千克左右。6月下旬，第三次追肥（即催子肥），每亩施腐熟菜籽饼120千克、土杂肥4 000千克，施后用湖草或牛栏粪覆盖，以保持土壤湿润。第四次、第五次追肥（即壮姜肥）分别在7月下旬和8月下旬追施，其作用是促进根茎迅速膨大。也有一些生姜产区在苗高15厘米左右时开始追肥，此后每隔20天左右追一次肥，共追施3～4次，通常每亩施人畜粪尿5 000千克左右。湖南有的农户在姜苗缺肥发黄时，用氮素化肥和腐熟人粪尿对水浇施。采用这种追肥方法，应注意肥料浓度不可过大，不可浇在叶片上，以防止烧伤根系和姜叶。

（2）施肥种类　生姜需要完全肥，因此施肥时应按生姜吸收氮、磷、钾、钙、镁等的比例合理施用各种肥料，才能使生姜获得全面的营养，防止偏施某种肥料或缺少某种元素而造成营养失调。施肥种类对生姜品质亦有明显的影响，尤其向土壤中补充较多的钾肥，对改善生姜品质具有重要作用。用饼肥作基肥和追肥，其挥发油、维生素C、可溶性糖及纤维素的含量均有明显提高。而单纯施用碳酸氢铵的产品，其营养品质则明显下降。在生产中，追肥的肥料种类和数量也不是一成不变的，应根据不同的栽培目的进行适当调整。以收获嫩姜为主的，可适当多施一点氮肥，促使根茎鲜肥细嫩，纤维少，辛辣味淡；以收获老姜为主的，应在适量追施氮肥的前提下，增施磷、钾肥，使根茎辛香味浓。

（3）追施锌肥和硼肥　在生姜生长期间，在缺锌和缺硼的土壤上，适当增施锌肥、硼肥等微量元素肥料，可使生姜茎高秆粗，分枝数增多，产量提高，品质好。在缺锌姜田作基肥时，一般每亩用1～2千克硫酸锌，与细土或有机肥均匀混合，播种时施在播种沟内与土混匀即可。如叶面喷施，其施用浓度为0.05%～0.3%，以0.1%较为适宜，可分别于幼苗期、发棵期、根茎膨大期喷施，共喷3次，效果较好。在缺硼地块施硼肥作基肥时，每亩可用硼砂 0.5～1 千克，与有机肥或细土拌匀，施入播种沟中，与土均匀混合。硼肥作基肥有效期一般为 2～3 年。叶面喷施硼肥常用浓度为 0.05%～0.1%，即每亩用 50～70 升硼砂溶液，于幼苗期、发棵期、根茎膨大初期或中期喷施。施用硼肥时，应严格掌握用量，以免施用过多造成毒害。

4. 培土 生姜的根茎在土壤里生长，要求黑暗和湿润条件，为防止根茎膨大时露出地面，需要进行培土。北方各生姜产区一般在立秋前后结合姜田除草和大追肥时进行第一次培土，把沟背上的土培在植株的基部，变沟为垄。以后结合浇水进行第二次、第三次培土，逐渐把垄面培宽培厚，勿使根茎露土，为根茎生长创造适宜的条件。南方生姜产区，多结合中耕除草和追肥进行培土。一般从夏至收种姜时开始，共 3～4 次，埂子姜需 4～5 次。安徽铜陵姜农在收种姜后结合锄地进行第一次培土；7～10 天后，培第二次土，培土高 10 厘米；半个月后培第三次土，培成18～20 厘米高的土埂，为根茎创造黑暗、湿润的生长条件。

5. 中耕除草 生姜为浅根性作物，根系主要分布在土壤表层，因此不宜深中耕，以免伤根。北方一般在出苗以后结合浇水进行浅中耕 1～2 次，起松土保墒、提高地温和清除杂草的作用。南方在生姜幼苗期因雨水多、土壤通透性差，常根据土壤质地适时进行中耕。黏性土质姜田，若苗期雨水较多，应中耕除草 2～3 次，最好做到雨后必锄，有草必锄，经常保持土壤疏松透气。沙性土质的姜田，如苗期雨水较少、杂草较少，可酌情少中耕。中耕不宜过深，一般以 10 厘米左右较为适宜，并注意防止伤根伤苗。

生姜幼苗期长且生长缓慢，又处在高温多雨季节，杂草滋生力强，如田间管理不及时，极易造成草荒，使姜苗得不到正常的营养而生长不良，造成减产。甲草胺、氟乐灵和胺草磷等除草剂适用于姜田除草，每亩用 0.75～1 千克，加少量细土并混合均匀，再加过筛的半干半湿细土 15～20 千克，充分混匀后堆放

10～14 小时，让药剂被土充分吸收，播种后，趁土壤湿润时，将药土均匀撒在姜沟周围地面上，保持土面湿润，杀草效果一般在 85% 以上，对姜苗安全无害；如用喷雾法，即用 0.75～1 千克＋100 升水对成药液，均匀喷在姜沟周围地面上（注意不要破坏土面药膜），亦可收到同样的杀草效果。

6. 病虫害防治　生姜的病害主要有姜瘟病和炭疽病，虫害主要有姜螟虫、姜蓟马、菜青虫、小地老虎等，其防治方法见第六节"生姜病虫害防治"。

五、采　　收

1. 收种姜　收种姜一般供药用，可与收获鲜姜一起进行，也可提前至夏至，即 6 月下旬采收，北方称为"扒老姜"，南方则叫"偷娘姜"。其具体做法是：顺着生姜排种方向，用箭头形竹片或窄形铲刀将土层扒开，露出种姜后，左手压住姜苗根部的土，右手用姜钩或铲刀轻提种姜，即可将种姜与新姜相连处折断，随后取出种姜并及时封沟。收种姜时必须注意勿振动姜苗，以防伤根。如根系动摇时，应及时浇水，以沉实土壤。选晴天进行，不可在下雨前后进行，防止地湿操作不便。收姜后，要看苗、看地，对弱苗田及早加强肥水管理，以促进生长。收种姜易造成伤口感染病菌，一般不提倡提前收，最好霜降前与新姜一起收获。

2. 收嫩姜　收嫩姜即在根茎旺盛生长期，趁姜块鲜嫩时提前采收，一般在白露至秋分开始，中秋节前采收应市。姜块组织柔嫩，纤维少，含水量高，辛辣味较淡，适于鲜食，做腌渍、糖渍或醋酸盐水姜芽等加工食品，但此时根茎尚未充分发育，收获嫩姜的产量较低。对一些生长不好、有病虫害或受干旱枯死的生姜，可收取嫩姜，供应市场。

3. 收鲜姜　鲜姜收获应在初霜到来之前，北方 10 月中下旬，南方 11 月上旬。此时气温已降至 11～15℃，根茎组织已充分老熟，是生姜的主要收获季节。收获前 3～4 天先浇一次水，使土壤湿润，便于收刨。若土质疏松，可抓住茎叶整株拔出，抖掉根茎上的泥土，然后自茎秆基部保留 2～3 厘米地上茎，掰去或用刀削去地上茎。随即将带有少量潮湿泥土的根茎入窖贮存，不需晾晒。

4. 收姜芽

（1）普通姜芽收获　可在姜长足苗，但根茎未充分膨大前开始，直至初霜到来前结束。方法是：用筒形环刀套住姜苗向姜块中转刀，切下姜苗和长 2.5～5 厘米、直径 1 厘米的根茎，其总长度 15 厘米。普通姜芽适合于分枝多的密苗型品种，采用较小的姜块播种，加大播种密度，用乙烯利浸种促进生姜分枝，增加姜芽产量。

（2）软化姜芽收获　在姜芽长至标准时及时收获。收获时，从栽培床的一端将姜苗连同种姜一并挖出，小心掰下姜苗并洗去泥沙，去除根系。根茎过长者可从底部用刀切至 4 厘米长，根茎过粗者则用直径 1 厘米的环形刀切去外围部分。根据根茎粗度进行分级后，再切去姜苗，使其总长度 15 厘米左右，放入醋酸盐水中腌制。软化姜芽的栽培不同于普通栽培，需在避光条件下进行，利用控温设备，可在不同季节进行栽培，一般经 50～60 天，幼苗长至 30～40 厘米时即可收获。

第四节　生姜设施栽培技术

我国北方无霜期短，限制了生姜生长和产量进一步提高。因此，采用设施栽培生姜，可提早播种，延迟收获，从而延长生姜的生长期，提高生姜产量。目前生姜设施栽培的形式多种多样，如采用地膜、拱棚、日光温室栽培等，但考虑到投入产出问题，除高寒地区应用日光温室栽培外，其余地区多采用地膜覆盖及塑料拱棚栽培。地膜覆盖仅可提高地温，只能用于提早播期，且最多可提早播期 30 天。塑料拱棚既可提高地温，又可提高气温，因而既能提早播种，又能延迟收获。

一、大棚生姜早熟高产栽培

1. 大棚建造　选择地势平坦、交通便利、排灌方便、近 3～4 年未种过生姜的地块建造大棚，要求土层深厚、地下水位低、有机质含量高、理化性状好、土壤保肥保水能力强、pH5～7。多采用竹拱架结构大棚。一般棚宽 6～8 米（栽 10～14 垄姜），柱高 0.7～1.4 米，长度因地制宜确定。依地形可采用南北或东西向开沟起垄种植。生姜栽植前 7～10 天盖好棚膜升温。夏天搭遮阳网给生姜遮阳。入秋后撤掉遮阳网，采收前 30 天左右盖塑料薄膜，生姜收刨前将薄膜撤掉。

2. 品种选择　选择植株高大、茎秆粗壮、分枝少、姜块肥大、单株生产能力强的疏苗型品种，如莱芜大姜。

3. 种姜处理与催芽

（1）晾种、挑种、掰种　播前 25～30 天从姜窖中取出种姜，一般每亩准备种姜 300～400 千克，放入日光温室或 20℃室内摊晾 1～2 天，晾干种姜表皮，清除种姜上的泥土，并剔除病姜、烂姜、受冻严重的失水姜，选择姜块肥大、皮色有光泽、不干缩、未受冻、无病虫的健壮姜块作种，摊晾后掰姜，单块重以50～75 克为宜。

（2）种姜消毒　为防止病菌危害和蔓延，最好在催芽前对种姜进行消毒。方法是用固体高锰酸钾对水 200 倍，浸种 10～20分钟，或用 40％甲醛 100 倍液浸种 10 分钟，取出晾干。

（3）加温催芽　生姜大棚种植必须提前催芽，在播种前25～30 天开始催芽。此时温度尚低，为保生姜顺利出芽，可采用火炕或电热温床、电热毯催芽。催芽温度保持在 25～30℃，待姜芽萌动时保持温度 22～25℃，姜芽达 1 厘米左右时即可播种。

4. 重施基肥 大棚生姜生长期长、产量高，对肥料吸收量多，要加大基肥施用量，并多施生物有机肥料。一般冬前每亩施充分腐熟鸡粪 3～4 米^3，随深翻地时施入。种植前开沟起垄，在沟底集中施用有机肥 200 千克＋三元复合肥 50 千克，或豆饼 150 千克＋三元复合肥 75 千克，把肥料与土拌匀灌足底水即可栽植。为防止地下害虫，可施入硫磷颗粒剂 2～3 千克或毒死蜱颗粒剂 1 千克。

5. 适期播种，合理密植 华北地区塑料大棚覆盖栽培生姜，若在大棚膜上加盖草苫，播种期以 3 月上旬为宜，若不盖草苫，播种期以 3 月中下旬较为安全。大棚种植生姜，播种时南北向按 55～60 厘米行距，开 10 厘米深播种沟，并浇足底水，水渗后按 18～23 厘米株距、姜芽向西摆放种姜，每亩栽植 5 500～6 000 株。播后覆土 4～5 厘米，并耧平耙细。

6. 田间管理

（1）温光管理 播种后出苗前要盖严大棚膜（升温）。白天棚内保持 30℃左右，不通风，以利于姜苗出土。姜苗出土后，待苗与地膜接触时要打孔引出幼苗，以防灼伤幼苗。同时，温度白天保持在 22～28℃，不能高于 30℃，夜间不低于 13℃。外界夜间温度高于 15℃时要昼夜通风。光照的调节主要靠棚膜遮光，在撤膜前无须进行专门遮光处理，到 5 月下旬气温高时，可撤膜换上遮阳网，7 月下旬撤除遮阳网。10 月上旬随着外界温度降低，可再覆膜，进行延后栽培。盖棚膜后白天温度控制在 25～30℃，夜间 13～18℃。

（2）追肥 生姜生长期长，需肥量大，在施足基肥的同时，中后期需肥约占全生育期的 80%。生姜在苗高 13～16 厘米时追施提苗肥，每亩一般用硫酸铵或三元复合肥 10 千克，对清水浇施。7 月上中旬是大棚生姜生长的转折时期，吸肥量迅速增加，这时可结合除草和培土进行第二次追肥，每亩施沼肥或腐熟猪栏粪 3～4 吨，辅以腐熟细碎饼肥 24～27 千克、硫酸铵或三元复合肥 15～20 千克。8 月上中旬，当生姜长至 6～8 个分枝时，每亩可施三元复合肥或硫酸铵 20～25 千克、硫酸钾 10 千克，以促使姜块迅速膨大，同时防止后期因缺肥而引起的茎叶早衰。如以收嫩姜为主，在施肥时可适当加大氮肥用量，以收老姜为主，则应控氮增磷，土壤缺锌、硼，追肥时应补施，以延缓叶片衰老。

（3）水分管理　幼苗前期以灌小水为主，保持地面湿润，一般以穴见干就灌水，幼苗后期根据天气情况适当灌水，保持地面见干见湿。7 月下旬至 8 月份正是生姜生长的最佳时期，如遇干旱，应增加灌水次数，但不可漫灌，灌水间隔期以 7～10 天为宜，梅雨季节少灌。灌水应在早上和傍晚进行，中午不能灌水。暴雨之后要及时排除地面积水。

（4）中耕除草培土　幼苗旺长期肥水条件好，杂草滋生力也强，若除草不及时，草与姜苗争肥、争水、争光，姜苗易出现生长不良。在除草和追肥的同时结合培土，一般培土 3～4 次。第一次在有 3 株幼苗时进行，盖土不能太厚，以免影响后出苗生长，每隔 15 天后依次进行第二、第三、第四次培土，培土时做到不使生姜根茎露出地面，把沟背上的土培在植株基部，变沟为垄，为根茎生长创造适宜的条件。

（5）扒老姜　在中后期中耕培土时，可根据市场行情在生姜旺长期扒出老姜出售，以提高经济效益。其具体方法是顺着播种的方向扒开土层，露出种姜，左手按住姜苗茎部，右手轻提种姜，使之与植株分离。注意不能摇动姜苗，取出种姜后要及时封土。弱小的姜苗不宜扒种姜，以免造成植株早衰。

5. 病虫害防治　大棚生姜主要有斑点病及姜螟等危害，要注意交替使用有效药物防治（具体方法详见第八节）。

6. 适时采收　生姜采收时间应根据市场价格确定。销售旺季一般在 8 月中旬至 9 月上旬。根据生姜的产量适时采收，种姜采收宜在初霜后。

二、大棚生姜秋延迟栽培

1. 姜种精选与处理

(1) 精细选种　生姜播种前一个月左右从姜窖中取出种姜，选择姜块肥大、色泽鲜亮、质地坚硬、无干缩、无腐烂、无病虫害的健壮姜块作姜种。严格淘汰干、软、变质以及受病虫危害的姜块。在生姜播种前再结合掰姜进行复选，确保姜种健壮。

(2) 晒姜、困姜与催芽　将选出的姜种先晾晒 3 天，放在 20~25℃条件下困姜 2~3 天，以加速姜芽萌发，然后在 20~24℃下催芽，约经 25 天即可催出姜芽。

2. 施足基肥　播种前结合土壤耕作施足基肥，每亩施有机肥 5 000 千克、过磷酸钙 50 千克、硫酸钾 70 千克，然后整平地面待播。

3. 抢茬早播　在地温能满足生姜生长发育要求的前提下，播种越早产量越高。因此，利用大棚进行生姜秋延迟种植，应在前茬蔬菜收获后抢茬播种，一般 5 月 15 日前后完成播种。播种前先将催好芽的姜种掰成 75 克左右的姜块用于播种。每个姜块上只保留 1 个长 0.5~1.0 厘米、粗 0.7~1.0 厘米、顶部钝圆、基部有根突起的壮芽，将其余的姜芽全部除掉。掰姜过程中要淘汰不合格的姜块，然后按 50 厘米的行距顺棚向开沟，在沟内灌足底墒水，等水渗下后按 16~17 厘米的株距播种。播种时要将姜块平放沟底，使姜芽朝向保持一致。姜种摆好后，用 300~500 倍高锰酸钾水溶液顺沟喷洒一遍，预防姜瘟病，最后覆土约 4 厘米厚。

4. 田间管理

(1) 搭盖遮阳网　利用越冬大棚栽培生姜，由于受到茬口的影响，在齐苗后棚外气温一般能满足生姜生长发育的需要。因此，可在齐苗后先撤掉棚膜，然后及时在棚架上搭盖遮阳网，以满足姜苗生长发育对光照的要求，防止光照太强导致姜苗生长不良。立秋前后撤去遮阳网，使姜苗接受正常的光照。

（2）水分管理　幼苗期主要通过中耕松土保墒，也可在田间覆盖作物秸秆，遇旱可适当灌水，但水量不宜过大；遇雨要排水防涝。在生长盛期应注意防旱，遇旱要小水勤灌，保持土壤湿润；不宜大水漫灌，以防止姜瘟病发生、蔓延。收获前 5～7 天灌一次水。

（3）追肥　6 月中旬前后，当苗高 30 厘米左右、单株具 1～2 个分枝时，每亩追施速效氮肥或三元复合肥 20～30 千克，以培育壮苗。立秋后，姜苗处在三股杈阶段，植株生长速度加快，需肥量增大，应进行第二次追肥。此次追肥应以饼肥和复合肥为主，一般每亩追施豆饼 80 千克＋三元复合肥 20 千克，或单用三元复合肥 73.3～76.6 千克。9 月上旬为促进根茎快速膨大，每亩再追施三元复合肥 50 千克，10 月上中旬每亩再追施三元复合肥 40 千克左右，以保证生姜秋延迟阶段的生长需求。

（4）培土　立秋后结合浇水施肥进行第一次培土，变沟为垄，以后结合第三、第四次追肥进行第二、第三次培土，逐渐加高加宽垄面，为生姜根块膨大创造良好的土壤环境。

（5）病虫防治　大棚秋延后栽培生姜的主要病害是姜瘟病。田间一经发现病株要立即将病株及其附近的土壤一并挖除，并在病株穴内及四周撒生石灰或漂白粉消毒，防止病菌传播。7～9月份在已发病的地块用姜瘟净 150～200 倍液灌根，每隔 10 天施药一次，或用姜瘟净 300 倍液喷雾，具有较好的防治效果。对于姜螟等害虫，可选用氯氰菊酯等农药进行防治。对于蛴螬等地下害虫，可选用辛硫磷等农药进行防治。

（6）大棚管理　10 月中下旬当白天温度下降到 20℃左右时，及时盖好大棚膜，以满足生姜生长对温度的要求。当棚内白天温度高于 28℃时，一般应通风降温，在日落前关闭通风口保温。棚内白天温度保持在 25～28℃，夜间保持 17～18℃。11 月下旬棚内白天温度降到 15℃、夜间最低温度降至 5℃时，生姜的生长基本停止，应及时收获。

5. 适时收获 秋延迟生姜应选晴好天气，并在白天中午前后温度较高的时段采收。收后注意保温，防止姜块受冻，并及时运入姜窖贮存。

三、小拱棚生姜栽培

利用小拱棚栽培生姜产量高、效益好，生产中最好选用新茬地，前茬作物以葱、蒜和豆类等作物为好，不宜选种过茄子、辣椒等茄科作物并发生过青枯病的地块或连作发病地。

1. 播前准备

（1）晒姜、困姜 适播期前 20～30 天从贮存窖内取出姜种，用清水洗去沙土，平铺在草席或干净地上晾晒 1～2 天，室内再堆放 2～3 天，姜堆上覆草苫，一般经 2～3 次晒姜、困姜即可。

（2）选种催芽 选肥大丰满、皮色光亮、肉质新鲜，不干缩、不腐烂、未受冻、质地硬、无病虫危害的姜块作种。可在电热毯或火炕上催芽，温度控制在 22～25℃。催芽时每 5～7 天翻动一次，拣去烂姜块，经 20～25 天，芽长 1.5 厘米左右即可播种。催芽后将种姜平摆在草苫上，使芽绿化变软，最好选择芽粗 0.5～1 厘米、色泽鲜黄光亮、顶部钝圆的短壮芽播种。

（3）整地施肥 选有机质较多、排灌方便的沙壤土、壤土或黏壤土田块，深耕 20～30 厘米，充分晒垡，结合整地每亩施优质腐熟农家肥 5 000～8 000 千克。北方姜区每亩在姜种块间施入种肥 20～30 千克。播前先做 55～57 厘米宽的垄，播种时开 25 厘米深沟。一般在播种前 1～2 小时在沟内施肥后灌底水，灌水量不宜太大，否则姜垄湿透不便田间操作。

2. 播种定植 华北地区于 4 月上旬播种。定植株距 20 厘米左右，每亩保苗 5 200～5 500 株。在土质肥沃、肥水充足的条件下，行株距可适当加大，薄地及肥水不足的可适当减少。播后搭建高 30 厘米小拱棚，并用 90 厘米宽地膜覆盖，覆膜前用除草剂喷洒地表，防除杂草。

3. 田间管理

（1）灌水追肥　出苗后保持土壤见干见湿，幼苗期土壤相对湿度 65%～70%。夏季以早晨或傍晚灌水为好，不可在中午灌水。当植株具 3 个杈时，结合灌水每亩追施尿素 10 千克，植株具 5 个杈时，结合灌水追施三元复合肥 15 千克。追肥后适当培土，保持垄高 15 厘米、宽 20 厘米左右。立秋后是姜株分枝和姜块膨大期，保持土壤相对湿度 65%～70%，早晚勤灌凉水，促进分枝和姜块膨大。收获前 1 个月左右根据天气情况减少灌水，促使姜块老熟。收获前 3～4 天灌 1 次水，以便收获时姜块带潮湿泥土，以利于下窖贮存。

（2）破膜通风　当植株接近棚膜时，用手指在植株正上方的棚膜捅一个直径 1～2 厘米的孔。立秋后揭膜，并清出田外。

（3）拔除杂草　生长期及时拔除姜田杂草，减轻病虫害发生，并可促进块茎膨大。

（4）病虫害防治　生姜生长中的主要病虫害有姜螟虫、姜瘟病、立枯病。防治姜螟虫可用 90% 敌百虫晶体或 2.5% 溴氰菊酯乳油等喷雾 3～5 次。防立枯病用 20% 甲基立枯磷乳油 1 000 倍液喷雾，姜瘟病用 25% 噻嗪酮悬浮剂 500～600 倍液喷施。

4. 收获贮存　一般于初霜到来前，当植株地上茎尚未干枯时选晴天上午收获。若土质疏松，可抓住茎叶整株拔出，收后不要晾晒，直接放入室内堆放，四周堆 10 厘米厚湿润细沙，中间放一层鲜姜块，铺一层 10 厘米厚湿润细沙，室内温度控制在 15～20℃。

四、地膜覆盖生姜栽培

生姜属于喜温作物，北方生姜产区 5 月上旬的地温能满足其发芽的温度要求。生姜不耐霜冻，霜降前需收获，往往因生长期短而限制了其产量进一步提高。利用地膜覆盖可提高地温，将播种期提早 30 天。地膜覆盖作为一项新技术应用于生姜生产，不仅可提早播种，延长生长期，还可以增温保湿，促进植株生长，提高产量，并抑制杂草生长，减少中耕次数，因而省工省力，降低了成本。

华北地区生姜地膜覆盖栽培的播种期一般在 4 月上中旬。地膜覆盖比常规露地播种早出苗 8～19 天，从而使姜的生长期得以延长，同化器官得以提早壮大，表现为株高、茎粗增加，单株分枝数增多，单株叶面积增大，产量明显提高，一般较露地栽培增产 20%～30%。

具体方法：先开沟，沟距 50 厘米，沟深 25 厘米，浇底水后按 19 厘米的株距播种，播后覆土 4 厘米厚。播种后，先喷除草剂，然后用 120 厘米宽的地膜绷紧盖于沟两侧垄上，取土压紧地膜，使沟底与上端膜的距离保持 15 厘米左右，为防止风吹，可在地膜上每隔 1～2 米压一撮土。一幅地膜可盖 2 行。幼芽出土后，及时破膜引苗，防止烧苗。6 月下旬可撤除地膜，也可在 7 月中下旬追肥培土时撤除。为了提高覆盖效果，也可用小竹片（条）、紫穗槐枝条等在姜沟上支架，其上将地膜呈弓形盖上，高温时要通风，后期撤除。种姜出苗后，待幼苗上端与地膜接触时撤除地膜。其他栽培管理措施均按常规进行。

五、生姜遮阳网覆盖栽培

遮阳网有较强的遮光性，适合耐阴的生姜，在其全生育期均可覆盖，只是覆盖形式不同。近年来，生姜生产普遍应用遮阳网覆盖栽培，并取得良好效果。要根据不同季节的特点，采用相应的覆盖形式，以期达到最佳效果。

1. 早春覆盖 华北地区 4 月下旬栽种后，由于外界气温不够稳定，经常低于 20℃，及时加盖地膜和遮阳网能提高温度 4～8℃，防止低温寒流的侵袭，增强了保温效果。出苗前覆盖在地膜外面，出苗后覆盖在小拱棚上，一般不揭网。

2. 夏秋季覆盖 7月中旬至9月下旬是盛夏高温季节，正值生姜生长旺季，气温常在35℃以上，中午超过38℃，甚至高达40℃，给生姜这种喜阴作物生长带来不利。如采用遮阳网覆盖栽培，可降温2～5℃，同时减少水分蒸发与流失。在姜地搭高1.5米的棚架，直接将遮阳网覆盖在棚架上。

3. 晚秋覆盖 在生姜生长的后期，往往易受低温和晚秋早霜危害。采用遮阳网覆盖，可提高地温5～7℃，提高气温6～8℃，延长生姜生长期10～15天，提高产量10%以上，同时可减轻后期低温危害和早霜冻害。可以将遮阳网盖在大棚上，也可以直接加盖在生姜上，能明显减轻早霜冻害，提高生姜品质。

六、软化姜芽栽培

软化姜芽是在避光条件下保持生产环境适宜的温度，促进种姜幼芽萌发。当幼芽长至要求的标准后收获，经初步整理即为半成品，再用醋酸盐水进行腌制即为成品。进行软化姜芽生产时，应着重抓好以下环节。

1. 栽培场地 软化姜芽可在地窖、防空洞、室内或大、中、小棚及阳畦内栽培。但不论采用哪种形式，均应注意避光。若栽培场所空间不大，可利用立柱支架，做成多层栽培床。环境的温度条件要根据不同季节的温度变化及栽培场所的形式灵活掌握，一般可选用回龙火炕加温、火炉加温及电热线加温等多种形式。

2. 选用适宜品种 为增加姜芽数目，提高单位重量姜种的成苗数，进行软化姜芽生产的姜种应选用密苗型品种，如莱芜片姜，不宜选用疏苗型及姜球肥大品种。

3. 做床和排放姜种 软化姜芽的栽培床应根据栽培场所确定。为操作方便，栽培床一般要用砖砌成，高20～25厘米、宽1～1.5米，长度根据场所而定。床底铺1～10厘米厚细土或细沙，然后在沙土上密排姜种，一般每平方米可排姜种15～20千克。为促进多发芽，可将姜种瓣成小块，使芽一律向上，排满床后，姜种上覆盖 6～7 厘米厚细沙，用喷壶洒水，洒水量以下部细沙或细土充分湿润，但不积水为宜。洒水后要求姜种上的细沙厚度达 5～6 厘米，否则长出的幼芽下部根茎过短。

4. 生长期间管理　姜种排好后，应使栽培场地避光并保持室内床温 25～30℃，若床土见干，应再浇透水，始终保持床土湿润而不积水，一般经 50～60 天，幼苗可长至 30～40 厘米时即可收获。若幼芽过短，腌制时因假茎细弱而变软。在生长管理过程中，喷水保湿时，也可在水中溶入少量化肥，浓度不超过 1%，以促进幼芽生长。

5. 收获　姜苗长至要求标准后，应及时收获。收获时从栽培床的一端将姜苗连同种姜一并挖出，小心掰下姜苗，用清水小心冲洗泥沙并去根。根茎过长者，可从底部下刀切至长为 4 厘米的标准。根茎过粗的，用直径 1 厘米的环形刀切去外围部分。根据根茎粗度进行分级后再切去姜苗，使总长 15 厘米，然后放入醋酸盐水中进行腌制。腌制完成后，每 20 枝为一单位捆好装罐，倒入重新配制的醋酸盐水、密封装箱后即可外销。收获姜芽后的种姜，若仍有较多的幼芽，可再按前述方法排入栽培床内，使姜芽萌发、生长再收获二茬姜芽；若种姜幼芽极少，应更新姜种进行生产。

第五节　生姜轮作与间作栽培技术

一、生姜轮作方式

生姜轮作换茬是一项关键的栽培技术。小行轮作换茬可有效防止土壤带菌，减少发病机会，提高产量。种植生姜，最好选用新茬地，前茬作物以葱、蒜和豆类为最好，其次是花生和胡萝卜。凡种过茄子、辣椒等茄科作物并发生过青枯病的地块，以及连作并已发病的地块，均不宜种植生姜。生姜轮作与茬口安排依各地栽培的作物种类、时间和方式不同而异。以下介绍几种常见的轮作方式：

1. 北方姜区轮作方式

姜→大蒜→玉米→小麦→ 姜
第1年 　 第2年 　 第3年

姜→冬闲→玉米→大蒜→ 姜
第1年 　 第2年 　 第3年

姜→菠菜→玉米→大蒜→ 姜
第1年 　 第2年 　 第3年

姜→小麦→玉米→冬闲→马铃薯→姜
第1年 　 第2年 　 第3年

姜→冬暖棚瓜类、茄果类等喜温蔬菜→ 姜
第1年 　 　 　 第2年

2. 南方姜区轮作方式

姜→冬闲→水稻→小麦→水稻→冬闲→ 姜
第1年 　 第2年 　 第3年 　 第4年

姜→油菜、小麦→水稻→紫云英→ 姜
第1年 　 第2年 　 第3年

姜→大蒜→玉米→白菜或萝卜→ 姜
第1年 　 第2年 　 第3年

姜→小麦→水稻→油菜→水稻→大蒜→ 姜
第1年 　 第2年 　 第3年 　 第4年

二、生姜间作方式

生姜耐阴，不耐高温和强光，在花荫下生长良好。因此，与其他作物间作套种既提高了土地利用率，又为生姜旺盛生长提供了有利条件，可以大大提高经济效益。

1. 塑料大棚生姜与黄瓜套种 在大棚内实行生姜与黄瓜套种，既提高了设施利用效率，又延长了生姜生长期，提高了产量，与单茬栽培相比，经济效益显著提高。具体方法：2月中旬育黄瓜苗，并对姜种进行催芽处理，3月20日定植（棚内最低温度达到8℃以上时）。在黄瓜定植的同时种植生姜。黄瓜按大小行距100厘米和50厘米起垄栽培，垄高20厘米，株距25厘米。黄瓜行间种生姜，行距50厘米，株距

18～20厘米。

黄瓜定植前每亩施有机圈肥5 000千克、复合肥50～75千克。黄瓜缓苗后在其行间开沟，每亩在沟内撒施饼肥50～75千克、复合肥25～50千克，与土壤混匀后在沟内排放姜种，其余按常规管理。姜苗出齐后，黄瓜已经伸蔓，前期可为姜苗遮阴。7月上旬黄瓜拉秧后及时施肥培土，一般每亩施饼肥75～100千克、复合肥50千克左右。为防止温度过高，可将大棚下部棚膜揭开通风，保留顶部棚膜遮阴。霜降前再将棚膜盖上，可将生姜收获期延迟到11月上中旬。使其生长期延长了30～35天。

2. 大棚生姜与西瓜套种 大棚生姜与西瓜套种，在不影响生姜生长及产量的前提下，使大棚得以充分利用，进而提高单位土地面积的产出率。西瓜栽植密度小，收获期早，叶面积系数低，对生姜生长的影响很小。因此，生姜与西瓜套作是目前生姜产区普遍采用的一种间套模式。

（1）西瓜栽培管理要点 与生姜套种的西瓜一般选用中早熟品种，如京欣1号、郑杂5号、黑美人、特小凤等。西瓜播种育苗在12月下旬于温室内利用温床进行。幼苗长出3～4片叶后即可定植。西瓜定植前应先挖宽60厘米、深30～40厘米的丰产沟，丰产沟间距4米左右，沟内填入充足的肥料与土拌匀，一般每亩施优质腐熟厩肥10吨、豆饼100千克、复合肥50千克，覆平后踏实。西瓜定植的时间根据覆盖情况而定，若在大棚内仅盖一层地膜，一般在3月中下旬定植，可与生姜一同下地后盖膜；若在大棚内再盖小拱棚，小棚内盖地膜，小拱棚上盖草苫，则可在2月底定植。

西瓜定植后加强温度及肥水管理。缓苗前，白天温度控制在28～32℃，夜间不低于18℃；缓苗后白天温度控制在25～28℃，夜间不低于15℃；开花结果期白天30～32℃，夜间15～18℃。水肥管理根据土壤状况及生长特点进行，一般在缓苗后浇缓苗水，之后保持地面见干见湿，至甩蔓时追催蔓肥，一般每株西瓜施 15 克尿素，至现蕾时控制水分，坐果后追施膨瓜肥，每株 25 克复合肥，随后浇大水，保持地面湿润状态，西瓜定个后控制浇水。在第一个瓜收获后，其管理重点转移至生姜上来。

（2）生姜栽培管理要点　生姜催芽后可先在西瓜小行中间挖穴播种 1 行，再按 65 厘米行距开沟或挖穴播种，生姜播好后，喷除草剂，盖地膜。注意不让除草剂喷到西瓜苗上，以防产生药害。若生姜播种晚，也可不盖地膜。

3. 大棚生姜与马铃薯套种　早春大棚马铃薯与生姜套作，宜选用鲁引 1 号、津引 8 号、东农 303 等早熟品种。一般大棚内盖地膜可在 2 月上旬播种马铃薯。播种前 20 天左右切块，用 0.5 毫克/千克赤霉素浸泡 15 分钟后捞出，晾干水分后催芽。待芽长 2 厘米左右时，放在弱光下绿化 2～3 天，即可播种。马铃薯播种时，先按 60 厘米行距开 5 厘米深的浅沟，沟内浇水后，将带芽薯块按 22 厘米左右株距放入沟内，随后覆土。播种完毕后，喷施 48% 氟乐灵乳油（每亩 100～150 毫升）或 48% 地乐胺乳油（每亩 200 毫升）防除杂草，混土 2～3 厘米后盖地膜。约 30～40 天，马铃薯出苗后，在沟内播种生姜，随后浇水。

马铃薯生长过程中，可在发棵期、开花期结合浇水，顺水每亩各冲施 20 千克左右复合肥。马铃薯出苗后保持地面湿润，至现蕾时控制浇水，待开花时追施催薯肥后再浇水，始终保持地面湿润。5 月上旬前后根据市场及马铃薯生长情况，决定马铃薯的收获时间。生姜的播种管理技术措施与纯作姜田基本相同。催芽后的生姜于 3 月中旬播于马铃薯行间，若有地膜，可用刀划开后，向两侧翻开，然后在沟内按每亩施用 100 千克饼肥、50 千克复合肥，轻刨，肥土混匀后，开沟，按株距 18 厘米左右播种生姜，覆土后浇水，并将地膜压好。生姜的管理与纯作姜田相同，在马铃薯收获前以马铃薯为管理重点。马铃薯收获后，生姜的管理与大棚纯作生姜相同。

4. 大棚生姜与矮生菜豆套种　早春大棚内可种植的蔬菜很

多，均可与生姜实行套种，最好选择耐寒性强、植株矮小、生长期短的蔬菜。因而早春结球甘蓝、花椰菜、矮生菜豆等均可与生姜套种，其套种模式基本与马铃薯相同。

以矮生菜豆为例，早春矮生菜豆宜进行育苗移栽。为便于栽植，一般早春菜的定植期应与生姜播种期相同。菜豆于2月下旬温室内用营养钵育苗，每钵播种子3~4粒，待幼苗第一片真叶展开时即可定植。先开沟、施肥、起垄播种生姜，后挖穴栽植菜豆幼苗。按65厘米行距开沟、施肥、起垄，施肥方式、方法及用量与大棚纯作生姜相同。按18~20厘米株距栽植生姜后，再在垄上按30厘米左右穴距挖穴，栽植菜豆，然后盖地膜，放水浇透垄沟。菜豆采收前，以菜豆管理为主，至采收后期，以生姜管理为重点。可摘除荚果，仅留菜豆茎叶，为生姜遮阴。生姜的管理技术与大棚生姜栽培相同。

第六节　生姜病虫害防治

一、生姜病害及防治

1. 姜瘟病

（1）危害症状　姜瘟病又称姜腐烂病、姜青枯病，是生姜生产中最常见且普遍发生的一种毁灭性土传病害。植株受病菌侵害后，不论茎叶或根茎都出现症状。大多在近地面茎基部和地下根茎上半部先发病。根茎发病初期呈水渍状，黄褐色，失去光泽，后内部组织逐渐软化腐烂，仅残留外皮，挤压病部可流出污白色淘米水状汁液，散发臭味。根部被害，也呈淡黄褐色，终致全部腐烂。地上茎被害呈暗紫色，内部组织变褐腐烂，残留纤维。叶片被害，叶片自下而上变成枯黄色，边缘卷曲，最终全株下垂枯死。

（2）病原和传播途径　姜瘟病是一种细菌性病害，病原为青枯假单胞杆菌，不仅侵染生姜，亦侵害瓜类以及番茄、茄子、辣椒、马铃薯等茄科作物。病原菌主要在根茎和土壤中越冬，一般在土中可存活 2 年以上，带菌种姜是主要初侵染源，并可借助姜种调运作远距离传播。此外，病土也是姜腐烂病的重要侵染来源。若姜田使用病残体或病土沤制的圈肥，也会将病菌带到田间引起发病。灌溉水和雨水也是传播病菌的媒介，高温多雨天气，大量病菌随水扩散，造成多次再侵染，往往在很短时间内就会造成大批植株死亡。在降雨量少而气温较低的年份，一般病情较轻。地势高燥、排水良好的沙质土，一般发病较轻；地势低洼、排水不良、土质黏重、田间积水或偏施氮肥的姜田，则发病较重。

（3）发生规律　露地栽培的姜瘟病一般于 5 月中旬至 6 上旬开始发病。此期气温较低，雨量少，病害零星发生，扩展慢。6 月下旬和 7 月上旬大面积中心病株出现，中心病团形成时期，7 月中旬末至 9 月中旬是发生和流行的高峰时期。严重的可在 15 天左右造成全田无收，整个发病高峰可持续 50～60 天。9 月中旬后，随着气温降低和雨量减少，病害逐渐减轻，10 月中旬后停止发病，整个发病期长达 140 天左右。

（4）防治方法

①土壤消毒：在播种姜前撒施或沟施灭菌杀虫药土，每亩用溴甲烷25～35 千克熏蒸土壤。具体方法：播种前 30 天左右，用专用施药器具按 30 厘米左右的间距，将药液施入 15～25 厘米深的土层，每点注入 2～3 毫升，然后用塑料薄膜覆盖 3～5 天，撤除薄膜 15～20 天后整地备播。溴甲烷毒性极高，挥发性强，施药时必须由专业人员操作。亦可使用石灰氮进行土壤处理。其使用方法有土壤消毒和开沟撒施 2 种方式。土壤消毒可在生姜种植前 20～30 天，按每亩用 50～100 千克石灰氮与足量有机肥或切碎的作物秸秆混匀，施于田间并灌水，然后用塑料薄膜覆盖15～20 天后，整地备播。开沟撒施，按每亩 50 千克石灰氮与有机肥混匀撒于沟内，并与土壤充分混匀，然后浇水、播种。

②轮作换茬：轮作换茬是切断土壤传菌的主要途径，尤其是已发病的地块，要间隔3～4年以上才可种姜。种姜前茬地应是种植粮食作物的地块。菜园地以葱茬、蒜茬为好，种过番茄、茄子、辣椒、马铃薯等茄科作物，尤其是发生过青枯病的地块，不宜种姜。

③严格选用无病种姜：在无病姜田严格选种，种姜收获后，先晾晒几天，然后放在20～33℃下热处理7～8天，促其伤口愈合；发现病姜及时剔除，在贮姜窖内单放单贮，贮存窖及时消毒，窖温控制在12～15℃，翌年下种前再进行严格挑选，消除种姜带菌隐患。也可采取种姜消毒的方法：用40％甲醛100倍液浸6小时，焖6小时；或用30％氧氯化铜800倍液浸6小时；也可用1∶1∶100波尔多液浸种20分钟。姜种切口蘸草木灰后下种。还可用硫酸链霉素、新植霉素或卡那霉素500毫克/千克浸种48小时、用600倍氟派酸与600倍天达-2116（浸拌种专用型）混合后浸种。

④施净肥：姜田所用肥料应尽量不带病菌，因而不可用病姜病株或带菌土沤制土杂肥，农家肥必须经腐熟后方可使用。

⑤及时铲除病株：当田间发现病株后，除应及时拔除中心病株外，还应将其周围0.5米以内的健株一并去掉，并挖去带菌土壤，在病穴内撒石灰1千克或漂白粉125克，然后用干净的无菌土掩埋，并及时改变浇水渠道，防止病害蔓延。

⑥化学防治：发病初期，可选用70％甲基硫菌灵可湿性粉剂1 000倍液或50％多菌灵可湿性粉剂500倍液、40％代森胺水剂600倍液、65％代森锰可湿性粉剂600倍液、77％氢氧化铜可湿性粉剂600倍液、20％噻菌铜悬浮剂500倍液、30％碱式硫酸铜悬浮剂400倍液等喷淋或浇灌。分别掺入600倍天达-2116（地下根茎专用型）液，可提高药效。用25％地菌净粉剂100倍液对病株四周各5米内的姜苗逐株灌根，每株用药量0.5千克，同时用地菌净250倍液对整个地块进行叶面喷施，效果较好。

2. 姜根结线虫病　又称癞皮病、疥皮病，是近年来发生的主要病害。其发病地块已达 10％左右，一般可使生姜减产 20％以上，且危害逐年加重。

（1）危害症状　在田间一般呈圆心辐射状成片发生，严重者迅速发展到整块姜田。发病植株叶色变淡，根系稀少，根尖变褐并腐烂。根茎颜色发暗，表面似蟾蜍表皮，严重时出现疣裂。横切根茎，可看到黄色或褐色半透明圆形斑点。根结一般为豆粒大小，有时连接成串状，初为黄白色突起，以后逐渐变为褐色，破裂，腐烂。由于根部受害，吸收功能受到影响，生长缓慢，叶变小，叶色变淡，根系稀少，根尖变褐并腐烂，茎矮，分枝小，一般可比正常植株矮 50％左右，但植株很少死亡。

（2）病原和传播途径　引发该病的病原为南方根结线虫。幼虫在根结内发育，1 龄在卵内发育，2 龄离开卵壳并脱离生姜进入土中，进行再次侵染或越冬，也可以卵在姜块及姜根中越冬，主要靠灌溉水、病土、病株及带病种姜等传播，并可借助姜种调运作远距离传播。生姜根结线虫病发生与蔓延受多种因素制约，一般情况下，沙质土壤病害重，黏质土壤病害轻。生姜连作发病逐年加重。大量施用钾肥的地区或地块，发生普遍且较严重。

（3）发生规律　我国北方姜田一般 7 月中旬以后逐渐出现发病症状，病株生长缓慢甚至停滞，病原侵染根系，根尖受损，少有发根。至 8 月份病株根茎已有病变突起，根尖开始腐烂。9 月中旬为发病最严重时期，病株株高显著低于健株，叶色变淡，根茎突起，初出现疣裂症状，根系腐烂 1/2～2/3。9 月中旬后病株已基本停止生长，根茎发生疣裂的速度逐渐减缓。病姜收获贮存过程中发病加剧，致使其失去商品品质，严重者造成腐烂。

（4）防治方法

①农业防治：实行与禾本科作物 2～3 年轮作；选无病虫种姜，深翻土壤，用二溴乙甲烷、溴甲烷等药剂熏蒸土壤；增施农家肥，注意氮、磷、钾配比施肥，以增强植株抗病能力；严禁田

间积水，及时做好清沟排渍工作。

②化学防治：发病前，可选用2％阿维菌素乳油300～400倍液或48％毒死蜱乳油1 500倍液、50％辛硫磷乳油1 500倍液、80％敌敌畏乳剂（或90％晶体敌百虫）800～1 000倍液等灌根，每株灌药液200～250毫升。发病初期用70％甲基硫菌灵可湿性粉剂1 000倍液加75％百菌清可湿性粉剂1 000倍液，也可用40％多硫悬浮剂500倍液或50％苯菌灵可湿性粉剂1 000倍液、50％复方硫菌灵可湿性粉剂1 000倍液、30％氧氯化铜悬浮剂300倍液，叶面喷施，隔10～15天喷一次，连续喷2～3次。

3. 生姜结群腐霉软腐病 又称根腐病、软腐病、绵腐病、真菌性软腐病。是生姜的一种重要病害，分布广泛，通常零星发生，严重时可造成块茎大批腐烂，储运期也可发病。

（1）危害症状 主要危害茎基部和块茎。发病初期地上部茎叶出现黄褐色病斑，病情发展后软腐，很快向上发展，致使地上部茎叶黄化萎凋后枯死；地下部块茎染病，呈软腐状，失去食用价值。一般结群腐霉引起的根腐病先引起植株下部叶片尖端及叶缘褪绿变黄，后蔓延至整个叶片，并逐渐向上部叶片扩展，致整株黄化倒伏，根茎腐烂，散发出臭味，有别于由青枯细菌引起的根腐病；细菌引起的根腐现青枯状，不倒伏，剖开根茎可见维管束变褐，挤压时溢出白色乳液；由青枯细菌和结群腐霉菌复合侵染的，叶片向叶背卷曲，叶尖、叶缘黄化，茎秆基部茎缩缩，呈水渍状倒伏，维管束褐变，致使近地面根茎腐烂，散发出臭味。

（2）病原和传播途径 病原为结群腐霉菌，属鞭毛菌亚门真菌。病菌以菌丝体在种姜或以菌丝体和卵孢子在遗落土中的病残体上越冬，病姜种、病残体和病肥成为本病初侵染源。在温暖地区，游动孢子囊及其萌发产生的游动孢子借雨水溅射和灌溉水传播进行初侵染和再侵染。通常日暖夜凉的天气和种植地低洼积水，土壤含水量大，土质黏重有利于该病发生；种植带菌的种姜和连作，发病重。

（3）防治方法　选用 50％甲霜灵可湿性粉剂 800～1 000 倍
液或 64％恶霜灵可湿性粉剂 500 倍液、50％甲霜·铜可湿性粉
剂 500 倍液、72％霜脲氰·锰锌可湿性粉剂 1 000 倍液、60％甲
霜·铝铜可湿性粉剂 800 倍液等喷雾，也可用 80％乙膦铝可湿
性粉剂 400 倍液浸种闷种各 1 小时，然后晾干下种。出苗后至发
病初期，再选用上述药剂浇灌，每株灌药液 250～500 毫升，隔
2～3 天后再灌一次，采收前半个月停止用药。

4. 生姜炭疽病

（1）危害症状　主要危害叶片。先自叶尖或叶缘侵入产生病
斑，初为水渍状褐色小斑，然后向下、向内扩展成椭圆形、梭形
或不规则形病斑，斑面云纹明显或不明显，数个病斑连成病块，
使叶前缘或边缘枯死，叶片前端变黄褐色干枯。潮湿时，叶尖腐
烂，干燥时，病斑上产生许多小黑点。值得注意的是，在炭疽病
发病初期，很容易把炭疽病的症状当成过量施肥造成的叶片烧
伤。施肥造成的危害虽然也呈红褐色，但上面没有斑点。

（2）病原和传播途径　病原为半知菌亚门辣椒刺盘孢菌和盘
长孢状刺盘孢菌。以菌丝体和分生孢子盘在病部或随病残体散落
土中越冬，为第二年初侵染源。分生孢子借土壤、病残体、病
株、风雨、灌溉水、昆虫等传播。病菌除危害生姜外，也可侵染
多种姜科和茄科作物。在南方，病菌在田间寄主作物上辗转传播
危害，无明显越冬期。

（3）发生规律　该病一般 7 月开始发生，8 月份达到发病高
峰。连作重茬、植株生长过旺、田间湿度大、偏施氮肥，均有利
于该病发生。种植密度大、通风透光不良，发病重；土壤黏重、
偏酸，多年重茬，肥力不足，发病重。地势低洼积水、排水不
良、土壤潮湿，易发病；温暖、高湿、多雨、日照不足易发病。

（4）防治方法

①农业防治：轮作，注意田间卫生，收获时彻底清除病残，

避免姜田连作；选用抗病品种；增施农家肥，注意氮、磷、钾配比施肥，以增强植株抗病能力；严禁田间积水，及时做好清沟排渍工作。

②生物防治：定期喷施 600 倍天达-2116（地下根茎专用型），每 10～15 天一次，连续喷洒 3～4 次，可提高植株抗病性。发病时，可选用 2 亿活芽孢/毫升假单孢杆菌（叶扶力）水剂 500～800 倍液或 3%中生菌素可湿性粉剂 1 000 倍液、25%嘧菌酯悬浮剂 1 500 倍液等，喷雾。

③化学防治：发病初期，用 70%甲基硫菌灵可湿性粉剂 1 000 倍液加 75%百菌清可湿性粉剂 1 000 倍液，也可用 40%多硫悬浮剂 500 倍液或 50%苯菌灵可湿性粉剂 1 000 倍液、50%复方硫菌灵可湿性粉剂 1 000 倍液、30%氧氯化铜悬浮剂 300 倍液，于发病初期叶面喷施，隔 10～15 天喷一次，连续喷 2～3 次。

5. 生姜斑点病 别名生姜白星病。为生姜主要病害之一，病株率 30%～50%，重病地可达 80%以上。

（1）危害症状 主要危害叶片，特别是新叶最易受害。叶斑黄白色，圆形、椭圆形或梭形，细小，直径 2～5 毫米，病斑中部变薄，多个病斑可连成条斑或大病斑，易破裂或穿孔。严重时病斑密布，全叶似星星点点（故名白星病）。病斑多时可使全叶枯死，后期在病斑上散生许多针头大小黑点，即分生孢子器。

（2）病原和传播途径 病原为半知菌亚门叶点霉属。主要以菌丝体和分生孢子器随病残体遗落土中越冬，以分生孢子作为初侵染和再侵染源，以雨水溅射传播蔓延。温暖高湿，株间郁闭，田间湿度大、重茬连作或过多施氮肥，均有利于该病发生。

（3）发生规律 一般雨季来临早或雨水多的年份易发病。部分地区大约在 7 月中下旬可见病株，8 月下旬进入发病高峰期，此时正是生姜旺盛生长期，株间较郁蔽，加之经常灌水造成田间湿度较大，极易引发此病。因其病斑较小，开始时不易引起的注意，等病害发展到后期，已引起叶片破裂，会严重影响生姜的产量和品质。

（4）防治方法　避免连作，实行2～3年以上的轮作；选择排灌方便的地块种植，不要在低洼地种植；注意氮、磷、钾肥配比施用，不要偏施氮肥；发病初期，叶面喷施70％甲基硫菌灵可湿性粉剂1 000倍液加75％百菌清可湿性粉剂1 000倍液，隔7～10天喷一次，连续喷2～3次，喷药时可在药液中适当添加叶面肥，如600倍天达-2116等，可提高药效，并可使叶片变绿、增厚，增强光合作用，提高植株抗病能力。

6. 生姜立枯病　又称生姜纹枯病，是生姜的一种普通病害。分布广泛，零星发生，病株率可达10％～30％，明显影响生产。

（1）危害症状　主要危害叶鞘，也危害叶片。发病初期，病苗茎基部近地处褐变，导致地上茎叶枯黄。叶片染病，初生椭圆形至不规则形病斑，扩展后常相互融合成云纹状，故又称纹枯病。茎秆染病，湿度大时可见微细褐色丝状物，即病原菌菌丝。根状茎染病，局部变褐，但一般不引起根腐。

（2）病原和传播途径　病原为半知菌亚门立枯丝核菌。病菌主要以菌核遗落土中或以菌丝体、菌核在杂草和田间其他寄主上越冬。翌年条件适宜时，菌核萌发产生菌丝进行初侵染，病部产生的菌丝又借攀援接触进行再侵染，病害得以传播蔓延。高温多湿天气或种植地郁闭、高湿或偏施氮肥，易诱发本病。前作水稻纹枯病严重的地块，发病重。

（3）防治方法　选择地势高燥、排水良好地块种姜。前茬水稻纹枯病发生严重的稻田不宜作姜田，也不能用发生过稻瘟病的稻草作姜田覆盖物。精选种姜，剔除可疑姜块。施用酵素菌沤制的堆肥或腐熟有机肥。田间积水时，及时排涝，降低田间湿度。常发本病的地区，齐苗后开始喷药预防控制，可选用20％甲基立枯磷乳油1 200倍液或10％立枯灵水悬剂300倍液、50％田安水剂500倍液、5％井岗霉素水剂500倍液、30％菌核净可湿性粉剂1 000倍液、2％嘧啶核苷类抗菌素水剂200～300倍液等，喷淋或浇灌。隔 2～3 天一次，连续 2～3 次。

7. 生姜枯萎病　又称根茎腐烂病，是生姜的一种常见病害。

（1）危害症状　主要危害地下部根茎，造成根茎变褐腐烂、地上部植株枯萎。发病根茎不呈半透明水渍状，挤压病部虽渗出清液但不呈乳白色混浊状，镜检病部可见菌丝和孢子，保湿后患部多长出黄白色菌丝。植株地上部分表现心叶枯死。该病与姜瘟病易于混淆，应注意区别。姜瘟病根茎多呈半透明水渍状，挤压病部溢出乳白色菌斑，镜检则可见大量细菌涌出。

（2）病原和传播途径　病原菌属半知菌亚门真菌，包括尖镰孢菌和茄病镰孢菌，二者均可产生大型和小型分生孢子。以菌丝体和厚垣孢子随病残体遗落土壤中越冬。带菌肥料、种姜和病土成为翌年初侵染源。病部产生的分生孢子借雨水溅射传播，进行再侵染。种植地连作、地势低洼、排水不良、土质黏重或施用未充分腐熟的土杂肥，易发病。

（3）防治方法　选择地势高燥、排水良好的地块种植，及时收集病残株烧埋，重病地块实行轮作。提倡施用酵素菌沤制的堆肥和充分腐熟的有机肥，适当增施磷、钾肥，播种前精选姜种，并用 50％多菌灵可湿性粉剂 300～500 倍液浸姜块 1～2 小时，捞起拌草木灰下种。发病初期，可选用 50％多菌灵可湿性粉剂 500 倍液或 70％甲基硫菌灵可湿性粉剂 1 000 倍液、10％双效灵水剂 200～300 倍液等灌根，每隔 3～5 天一次，连续防治 2～3 次。

二、生姜虫害及防治

1. 姜螟　又名钻心虫、玉米螟，不仅危害生姜，还为害玉米、高粱、甘蔗等作物，为杂食性害虫。

（1）为害特点　主要为害生姜茎叶。幼虫孵出 2～3 天后，成群从叶鞘与茎秆缝隙或心叶侵入。被害叶片薄膜状，残留有粪屑。叶片展开后，呈不规则食孔，茎、叶鞘常被咬成环痕。幼虫孵出的第四至第六天，多在茎秆中上部蛀食，造成茎秆空心，使水分运输受阻。姜苗受害后，上部枯黄凋萎或造成茎秆折断。

（2）形态特征　成虫灰黄色，体长 12～13 毫米，翅展 25～32 毫米；前翅灰黄色，边缘有 7 个黑点，后翅白色。雄蛾略小，体色和翅色较深，前额圆，触角鞭状。雌蛾前翅黑点不太明显，触角丝状。卵长 12.8 毫米，宽 0.78 毫米，淡黄白色，扁平，椭圆形。卵粒表面有龟甲状刻印。卵块 2 行排列，产于叶背。幼虫体长 28 毫米，初孵乳白色，老熟时淡黄色，北面有褐色突起，两侧有紫色亚背线，气门上各有 2 条线，头壳、口器黄褐色。蛹长 12～16 毫米，红褐色至暗褐色，腹末稍钝，腹部各节间有白色环线。

（3）生活习性　在长江流域每年发生 2～3 代，世代重叠，以末代老熟幼虫在作物或野生杂草茎秆内越冬，翌春即在茎秆内化蛹。成虫羽化后，白天隐藏在作物及杂草间，傍晚飞行，飞翔力强，有趋光性，夜间交配。交配后 1～2 天产卵。卵产于叶背中脉两侧，平均每头雌虫产卵 180～210 粒。

（4）防治方法　生姜收获后，将断株、枯叶及虫害苗、杂草清除干净，集中烧毁。发现幼苗被害时，找出虫口，剥开茎秆即可捉到幼虫。大面积种植，可使用频振式杀虫灯，一般每 15 亩一盏。发生初期可选用 80% 敌敌畏乳油 1 000 倍液或 90% 晶体敌百虫 800～1 000 倍液，对田间植株喷雾，也可用上述药剂注入虫口。

2. 小地老虎　俗称土蚕、地蚕，在各地普遍发生，为害各种蔬菜及农作物幼苗，也是生姜苗期的重要害虫之一。

（1）为害特点　幼虫为害时间多在 5 月中旬至 6 月上中旬，1～2 龄幼虫常栖息在表土或姜苗新叶里，昼夜活动，不入土，3 龄以后，白天潜入土下 2 厘米左右处，夜里出来活动为害。以晚上 21 时、24 时及清晨 5 时活动最为旺盛。一般于姜苗基部近地表层 1～3 厘米处伤害姜苗髓部及生长点，造成心叶萎蔫、变黄或猝然倒地，常常是齐地咬断嫩茎。

（2）形态特征　成虫体长 16～23 毫米，翅展 42～54 毫米，深褐色，前翅由内横线、外横线将全翅分为三段，具有显著肾状斑、环形纹、棒状纹和 2 个黑色剑状纹；后翅灰色，无斑纹。卵长 5 毫米，半球形，表面具纵横隆纹，初产时乳白色，后出现红色斑纹，孵化前灰黑色。幼虫体长 37～47 毫米，灰黑色，体表布满大小不等颗粒，臀板黄褐色，具 2 条深褐色纵带。蛹长 18～23 毫米，赤褐色，有光泽，第五至第七腹节背面刻点比侧面刻点大，臀棘为短刺 1 对，中间分开。

（3）生活习性　一年发生数代，由北至南不等，以老熟幼虫及蛹在土中越冬，每年主要以第一代幼虫为害姜苗。成虫夜间活动交配产卵。卵产于 5 厘米以下矮小杂草，尤其在贴近地面的叶背及嫩茎，每雌蛾平均产卵 800～1 000 粒。成虫对黑光灯及糖、醋、酒有较强趋性。幼虫共 6 龄，3 龄前在地面、杂草或姜株上取食，为害性较小；3 龄后白天潜伏表土中，夜间出来活动，伤害姜苗，造成心叶萎蔫、变黄或猝然倒地。

（4）防治方法　每天早晨到田间扒开新被害植株周围或畦边田埂阳坡表土，捕捉幼虫。清除田埂、路边及姜田周围杂草，破坏其产卵场所，消灭虫卵及幼虫。可利用黑光灯、频振式杀虫灯、糖醋酒诱蛾液等物理方法诱杀成虫。按糖 6 份、醋 3 份、白酒 1 份、水 10 份、90% 敌百虫 1 份，调匀，撒于田间，可诱杀成虫。将炒香的秕谷、麦麸或豆饼 5 千克，配以 90% 敌百虫 200 克，加适量水拌湿，每亩用 1.5～2.5 千克诱杀幼虫。1～3 龄幼虫期可选用 2.5% 溴氰菊酯乳油 3 000 倍液或 90% 晶体敌百虫 800 倍液、50% 辛硫磷乳油 800 倍液等喷雾。

3. 蓟马　是一种食性很杂的害虫，除为害生姜外，还为害百合科、葫芦科和茄科等多种蔬菜作物，也能为害烟草、棉花等作物。

（1）为害特点　成虫和若虫均以锉吸式口器吸食植物汁液。

姜叶受害，产生很多细小灰白色斑点。受害严重时，叶片枯黄、扭曲。

（2）形态特征 成虫体长 1～1.3 毫米，体色淡黄色至深褐色，多为淡褐色。复眼紫红色，粗粒状，稍突出。触角 7 节。雄虫无翅。雌虫有翅，翅淡黄褐色。卵肾形，黄绿色。若虫共分 2 龄，1 龄若虫白色透明，2 龄若虫体长 0.9 毫米，形态似成虫，体色浅黄至深黄色。前蛹体形似 2 龄若虫，已长出翅芽，能活动，但不取食。

（3）生活习性 在华北地区一年可发生 10 代。主要以成虫和若虫在越冬大蒜和大葱叶鞘内越冬；前蛹和蛹在葱地、蒜地土壤中越冬，春天出来活动，繁殖后代，不断为害。5 月下旬至 6 月上旬潜飞姜田为害。7 月份以后，气温高，降雨也逐渐增多，发生数量受到一定的抑制，虫口数量有所减少。成虫很活跃，会飞也会跳，并可借助风力传播扩散。成虫忌光，白天躲在叶腋或叶荫处为害。雄成虫极少发生，主要由雌虫进行孤雌生殖。一般 5～6 月份完成一个世代，约需 20 多天。

（4）防治方法 早春清除田间杂草和残株、落叶，集中烧毁或深埋，消灭越冬成虫或若虫。栽培过程中勤灌水、勤除草，可减轻其为害。姜地设置蓝色粘板，能减轻为害。可用 50% 敌敌畏乳油或 40% 乐果乳油 1 000 倍液喷雾。也可用 40% 乐果乳油 1 000 倍液与 50% 敌敌畏乳油 1 000 倍液混合喷雾，效果更显著；将 3% 马拉硫磷粉剂和 1.5% 乐果粉剂 1：1 混合，每亩用 1.5～2 千克，在清晨露水未干时直接喷粉；用 2.5% 溴氰菊酯 3 000 倍液喷雾。

4. 甜菜夜蛾 属杂食性害虫，除为害生姜，还为害多种作物。

（1）为害特点 7～9 月生姜中后期受害最重。初孵幼虫群集叶背，吐丝结网，在叶片背面取食叶肉，留下表皮，使作物叶片形成薄膜状、透明小孔。3 龄后分散为害，可将叶片吃成孔洞或缺刻，食尽姜叶仅留叶脉。表皮厚而光滑，农药不易浸入，一般农药防治效果差。

(2) 形态特征　成虫体长 8～10 毫米，翅展 19～25 毫米，灰褐色，头、胸有黑点。前翅灰褐色，后翅白色。老熟幼虫体长约 22 毫米。体色变化很大，有绿色、暗绿色、黄褐色、褐色至黑褐色，背线有或无，颜色各异。腹部气门下线为明显黄白色纵带，有时带粉红色，带末端直达腹部末端，不弯至臀足（甘蓝夜蛾老熟幼虫此纵带通到臀足上）。各节气门后上方具明显白点。幼虫在田间常易与菜青虫、甘蓝夜蛾幼虫混淆。卵圆球状，白色，成块产于叶面或叶背，排成 1～3 层，外面覆有雌蛾脱落的白色绒毛，故不能直接看到卵粒；蛹长约 10 毫米，黄褐色。

(3) 生活习性　华北地区 6 月上旬开始出现，7～9 月为害较重，一年发生 4～5 代。长江流域一年发生 5～6 代。各代重叠发生。长江以北地区以蛹在土中越冬，长江以南无越冬现象，可终年为害。成虫夜间活动，最适宜温度 20～23℃、相对湿度 50%～75%。有趋光性，成虫产卵期 3～5 天，每头雌蛾可产卵 100～600 粒，卵期 4～6 天。幼虫共 5 龄，3 龄前聚集为害，但食量少，4 龄后食量大增，昼伏夜出，有假死性。虫口过大时，幼虫可互相残杀。幼虫发育历期 11～39 天。老熟幼虫入土，吐丝筑室化蛹，蛹发育历期 7～11 天。

(4) 防治方法　秋耕或冬耕，可消灭部分越冬蛹。春季 3～4 月清除杂草，消灭杂草上的初龄幼虫。人工采卵，捕捉幼虫。可采用黑光灯，糖、醋、白酒、水和 90% 敌百虫按 6：3：10：1 调匀，洒于田间，大面积栽培还可采用频振式杀虫灯诱杀成虫。可采用细菌杀虫剂，如苏云金杆菌或青虫菌六号液剂 500～800 倍液。还可人工释放赤眼蜂，每亩设 5～8 个放蜂点，每点每次放 2 000～3 000 头，隔 5 天一次，持续 2～3 次，可使总寄生率达 80% 以上。选用 20% 虫酰肼胶悬剂 1 000～1 500 倍液或 50% 辛硫磷乳油 1 000 倍液、20% 氰戊菊酯乳油 2 000～3 000 倍液、2.5% 溴氰菊酯乳油 3 000 倍液、2.5% 高效氯氟氰菊酯乳油

5 000倍液，喷雾防治，晴天清晨或傍晚喷施，阴天可全天施药。

5. 异形眼蕈蚊

（1）危害特点 是生姜贮存期的主要害虫。其幼虫俗称姜蛆，也为害田间种姜，对生姜产量和品质造成一定影响。幼虫有趋湿性和隐蔽性，初孵幼虫即蛀入生姜皮下取食。在生姜"圆头"处取食者，则以丝网粘连虫粪、碎屑覆盖其上，幼虫藏身其中。幼虫性活泼，身体不停蠕动，头摆动，拉丝网。生姜受害处仅剩表皮、粗纤维及粒状虫粪。还可引起生姜腐烂。

（2）形态特征 成虫体灰褐色，卵椭圆形，幼虫体细长，圆筒形，长4～5毫米，头部漆黑色，胴部乳白色。蛹为裸蛹，初呈乳白色，后变黄褐色，羽化前灰褐色。

（3）生活习性 幼虫有植食性兼腐食性的特点。一年发生若干代，一般20℃条件下，一个月可发生1代。对环境条件要求不严格，4～35℃范围内均可存活，因而姜窖可周年发生，尤其到清明节气温回升时，为害加剧。种姜被害率达20%～25%。受害种姜表皮色暗，肉灰褐色，腐烂姜块中仍有幼虫存活。

（4）防治方法 生姜入窖前彻底清扫姜窖，用80%敌敌畏1 000倍液喷窖；或放姜时，在姜堆内放入盛有敌敌畏原液的开口小瓶数个，或在放姜后点燃部分柴草对敌敌畏原液加热，对姜窖进行熏蒸，均有良好防治效果。亦可同时采用几种方法进行防治。精选姜种，发现被害种姜立即淘汰，或用80%敌敌畏1 000倍液浸泡种姜5～10分钟，以杜绝害虫从姜窖内传至田间。

第二章

大葱设施栽培技术

第一节　大葱生物学特性

一、植物学特征

1. 根　大葱的根为白色弦线状肉质须根，着生短缩茎上，并随短缩茎缓慢伸长而陆续发出新根。根系再生能力较强，成株根数可达 50～100 条，平均长度 30～45 厘米，直径 1～2 毫米。主要根群分布在 30 厘米土层范围内。在深培土的情况下，根系不是向深处延伸，而是沿水平方向甚至向上发展。分支性差，根毛少，吸水、吸肥能力弱，要求土壤疏松肥沃。根系怕涝，如果土壤湿度大，再加上高温，根系极易褐化、坏死，丧失吸收功能。

2. 茎　大葱在营养生长期，茎短缩呈圆锥体形，位于地下，常称为茎盘。先端为生长点，黄白色，不断分化和生长叶片，叶片呈同心圆状着生在茎上，将茎盘包被在叶鞘基部。随着植株生长，短缩茎稍有延长。大葱茎的顶端优势很强，一般不发生或很少发生分蘖。通过春化作用以后，茎生长点停止分化叶芽，茎顶端分化为花芽，遇到长日照条件便抽薹开花。因花芽分化或其他因素而使茎顶端优势解除后，在内层叶鞘基部茎盘上可萌生 1～2 个侧芽，并可能发育成新的分蘖植株。春季大葱采种后种株上便可收获这种分蘖株食用。

3. 叶　大葱的叶分为叶身和叶鞘两部分。叶身顶尖，管状中空，外表绿色或深绿色，有蜡层，在葱叶下表皮及其绿色细胞中间充满油脂状黏液，能分泌辛辣挥发性物质。叶鞘位于叶身下部，中空，圆柱状，叶鞘与叶身连接处有出叶口。叶在生长锥两侧按照互生的顺序相继发生，内层叶的叶身从外层叶出叶口伸出，不同叶的叶身按对称互生的方式伸展生长，内外叶的叶鞘套生，多层叶鞘互相环抱形成假茎，俗称葱白。进入葱白形成期后，叶片中的养分逐渐向叶鞘转移，并贮存于叶鞘中，叶鞘成为大葱的营养贮存器官。

4. 花 大葱茎盘顶芽在完成阶段发育以后，便伸长生长花茎和花苞。一株大葱一般抽生1个花茎和花苞。花茎绿色，圆柱形，中空，形似葱叶。花茎顶端着生圆球形伞形花序，每个花序有小花 400～600 朵，最多可达 1 500 朵。小花有细长的花梗，花被白色，6 枚，长 7～8 毫米，披针形；雄蕊 6 枚，长为花被 1.5～2 倍，基部合生，贴生于花被上，花药矩圆形，黄色；雌蕊 1 枚，子房倒卵形，3 室，花柱细长，先端尖。每个花序的花期 15～20 天，当周围小花开放时，顶部小花已受精。两性花，异花授粉，虫媒花，但自花授粉结实率也较高，采种应注意隔离。

5. 果实和种子 果实为蒴果，内含种子 6 枚。蒴果幼嫩时绿色，成熟后自然开裂，散出黑色种子，种子较易脱落。由于一个花序上开花时间不一致，果实和种子成熟期也不一致，为了提高种子质量，采种时应分批采收成熟的种子。种子黑色、盾形、有棱角、稍扁平，中央断面呈三角形，种皮表面有不规则皱纹，脐部凹陷。千粒重 3 克左右，在一般条件下可贮存 1～2 年，生产上需用当年的新种子播种。种皮坚硬，种皮内为膜状外胚乳，胚白色、细长，呈弯曲状，种子发芽时吸水缓慢而弱，芽出土过程较特殊。

二、对环境条件的要求

1. 温度 大葱种子发芽的最适温度为 13～20℃，低于 4℃、高于 33℃不发芽。植株生长适宜温度 20～25℃，低于 10℃则生长缓慢，高于 25℃ 导致抗性降低而感病、植株细弱、叶色发黄。生长期间气温超过 35℃，植株处于半休眠状态，部分外叶枯萎。大葱耐寒性极强，成株可耐 −10℃ 的低温，幼苗期和葱白形成期的植株，在土壤和积雪保护下，可耐 −30℃ 的低温，但幼苗过小，耐寒性显著减弱。

大葱属绿体春化植物，3 叶以上的植株于 2～5℃ 的低温经 60～70 天可通过春化阶段。如果秋季播种太早，会造成大葱在当年越冬时通过春化阶段，从而发生先期抽薹现象，失去商品价值。因此，要控制越冬前幼苗大小。

2. 水分 大葱主要根群分布在土壤表层，根系较弱，无根毛或根毛很少，属于喜湿根系，因而生长期要求较高土壤湿度和较低空气湿度，但高温高湿则极易引起根系死亡。发芽期生长量和耗水量小，但幼芽耐旱力差，要求始终保持土壤湿润，以利萌芽出土。幼苗生长前期，可适当控制水分，土壤要见干见湿，以防止徒长或秧苗过大。秋播育苗，越冬前灌水过多易引起徒长，影响安全越冬，应适当控制灌水，并在越冬前灌足冻水，防止冬季失墒死苗。返青期幼苗开始旺盛生长，应及时灌返青水，促进幼苗返青生长。越冬前要浇足防冻水，返青时需浇返青水，缓苗期则以中耕保墒为主。植株旺盛生长期适当增加浇水量和浇水次数，以满足植株对水分的需求。葱白形成期是水分需求的高峰期，需水量多，一定要保持土壤湿润，否则会使植株较小，辛辣味浓而影响产品品质。收获前，要减少浇水量，防止大葱贪青而影响其贮存品质。

3. 土壤 大葱对土质要求不严格，但土质疏松透气、土层深厚、富含有机质且保水能力强的土壤对其生长最为适宜。尽管大葱根系浅，但土层薄的土壤不便于培土栽培，葱白产量和商品性差。沙壤土有利于大葱生长，但沙质土壤保水保肥能力差，不利于大葱根系对营养的吸收，而且因土质过于疏松，高培土后容易倒塌，虽然因透气性好而生长的葱白洁白，但耐贮性差。黏性土透气性差，不利于发根和葱白生长，假茎质地紧密，辛辣味浓，但色泽灰暗。壤土栽培大葱，产量高，品质好。

大葱生长要求中性土壤，生长最适 pH 7～7.4，低于 pH6.5 或高于 pH8.5 对种子萌发和植株生长都有抑制作用。大葱喜肥，并要求氮、磷、钾均衡。生长前期对氮肥要求较多，后期则需较多磷、钾肥。特别要注意磷肥的施用，因为缺少磷肥会导致植株生长不良、产量下降。同时，要保证葱地硫元素浓度，土壤缺硫，将影响大葱增产。

4. 光照　大葱对光照度要求不高，要求中等强度的光照。光照过强，叶组织易老化，纤维增多，降低青葱食用品质，甚至丧失食用价值。光照过弱，叶绿素合成受阻，叶片黄化，光合强度降低，影响物质合成和积累，降低产量。长日照是诱导大葱发育必不可少的条件之一。大葱植株长到一定大小时，通过春化阶段，再经过长日照，才可抽薹开花。但不同品种对日照长度的要求不同，有些品种通过春化作用后，无论长日照还是短日照都可正常抽薹开花。

三、生育周期

大葱属于二年生耐寒性蔬菜，整个生育期分营养生长阶段和生殖生长阶段。营养生长阶段分为发芽期、幼苗期和葱白形成期，生殖生长阶段包括返青期、抽薹期、开花期和结籽期。生长期长短随播种期而定。春播仅需通过一个冬天，15～16 个月；秋播要通过 2 个冬天，21～22 个月。

1. 发芽期　从播种到子叶出土直钩，称为发芽期。此期主要依靠种胚贮存的营养物质生长。在适宜的发芽条件下，最适温度为 13～20℃，历时 7～10 天。种子吸水后，内部养分转化，种胚萌动，胚根从发芽孔伸出，向下伸入土层，子叶向上伸长，但尖部开始仍然留在种子内吸收营养，子叶腰部拱出土面。随着种子胚乳的营养消耗殆尽和子叶出土伸长，子叶尖也从种子壳内抽出，并抽出地面伸直（直钩）。

2. 幼苗期 从第一片真叶出现到定植，为幼苗期。秋季播种育苗，到第二年夏季定植，幼苗期长达 8～9 个月。为便于管理，可将幼苗期分为幼苗前期、休眠期和幼苗生长盛期。幼苗前期是从第一片真叶出现到越冬，需 40～50 天。幼苗前期气温低，要防止幼苗生长过大而出现先期抽薹现象。此期幼苗小，对不良条件的抗逆性较差，要保持畦面湿润，以利于幼苗生长，避免因畦面过干而引起幼苗吸水不足而枯苗。从越冬到第二年返青，为幼苗休眠期，此期要注意防寒保墒，可采取冬前浇足冻水、畦面覆盖马粪、畦后设风障等措施来保证幼苗安全越冬。从返青到定植为幼苗生长盛期，历时 80～100 天，此期气温上升，日平均气温达到 7℃以上，幼苗返青并迅速生长，这是培育壮苗的关键时期，要加强田间管理，在浇返青水、追施提苗肥的基础上，注意间苗和中耕松土，特别是后期要控制土壤水分，少浇水或不浇水，防止秧苗拥挤、徒长和倒苗。

3. 葱白形成期 从定植到大葱冬前停止生长，称为葱白形成期，历时 120～140 天。又可分为缓苗越夏期、葱白形成盛期和葱白充实期。缓苗越夏期历时约 60 天，正值高温季节，植株恢复生长缓慢，而且高温雨季造成土壤通气不良，容易发生烂根、黄叶和死苗，应加强中耕。葱白形成盛期历时 60～70 天，天气转凉，大葱发叶速度快。一般气温在 20℃以上时，每 3～4 天发生一片新叶；气温降至 15℃左右时，每 7～14 天发生一片新叶。当日平均气温降到 4～5℃或开始下霜时，大葱叶身生长趋于停滞，葱白生长速度也减慢，但叶身和外层叶鞘养分继续向内层叶鞘转移，进一步充实葱白，成龄叶的叶身和叶鞘趋于衰老黄化，此为葱白充实期，历时约 10 天，也是大葱收获的最适宜时期。

4. 休眠期 从收获到第二年春天萌发新叶和抽生花薹，大葱在低温条件下进入休眠状态。大葱没有生理休眠期，在我国北方地区收获后因环境温度低而进入强迫休眠期，历时 120～150 天。这个时期，寒冷地区供食用的大葱已收刨贮存，作种株的也收刨贮存越冬，不太寒冷的地区植株可就地越冬。

5. 抽薹期 通过了春化阶段的大葱，在春季气温回升、长日照条件下解除休眠而进入抽薹期，抽薹期历时约 30 天。此期的生长重点是花薹和花器官发育，应控制浇水、追肥，避免花茎旺长，若肥水控制不当引起花薹旺长，花薹高而细，抗风性差，后期易倒伏和折断。

6. 开花期 从花序始花到谢花为开花期。每朵花的花期 2～3 天，一个花序的花期 15 天左右。花期适温 16～20℃。此期是提高大葱产种量的关键时期，要尽可能使其充分授粉，提高结实率和结籽率。大葱属虫媒花，靠昆虫频繁活动传播花粉（柱头授粉），使其受精结籽。为保证有益昆虫活动，花期尽量不打药或少打高效低毒农药，以利昆虫正常活动和传粉，也可放蜂或人工辅助授粉。

7. 结籽期 从谢花到种子成熟为结籽期，需 20～30 天。此期是提高葱种千粒重的关键时期。管理上要加强病虫害防治，尽量保护和延长功能叶寿命，提高种子饱满度和千粒重，提高葱种产量和质量。

第二节　大葱的类型与品种

一、大葱的类型

葱属包括大葱（普通大葱）、分葱、香葱及其变种，其中，我国北方以大葱栽培为主，在南方则以分葱和香葱栽培较多。

1. 普通大葱 是我国栽培最多的一种。其植株高大，抽薹前不分蘖，抽薹后只在花薹基部发生 1 个侧芽，种子成熟后长出 1 个新植株。个别植株可分为 2 个单株，但收获时仍有外层叶鞘包在一起。按葱白长度可分为长葱白类型和短葱白类型 2 种。

(1) 长葱白类型　植株高大，直立性强。相邻叶身基部间距较大，一般相隔 2～3 厘米。假茎较长，上下粗度相近，呈长圆柱形，葱白指数（葱白长度和粗度比值）大于 10，质嫩味甜，生熟食均优，尤其适于生食。产量较高，但要求有较好的栽培条件。主要优良品种有山东章丘大梧桐、气煞风、明水大葱、固葱，陕西华县谷葱，吉林公主岭大葱，北京高脚白，天津宝坻五叶齐，拉萨大葱，辽宁盖州大葱、鳞棒葱等。

(2) 短葱白类型　植株稍矮，叶片排列紧凑，相邻叶身基部间距小。管状叶粗短，密集排列成扇形。葱白粗短，上下粗度较均匀，葱白指数小于 10。生长健壮，抗风力强，宜密植创高产。多数品种葱白较紧实，辣味浓，耐贮存。如山东鸡腿葱、河北对叶葱等。

2. 分葱　在营养生长期间，每当植株长出 5～8 片叶时，就发生一次分株，由 1 株长成大小相似的 2～3 株。如果营养和生长时间充裕，一年可分蘖 2～3 次，最终形成 6～10 个分株。分蘖大葱的单株大小和重量因品种不同差异较大。分株间隔时间短的品种，植株较小。假茎直径一般 1～1.5 厘米，长约 20 厘米，叶比普通大葱小而嫩。分蘖大葱主要用种子繁殖。抽薹开花结实习性与普通大葱相同。

3. 香葱　植株形状与大葱、分葱相似，但植株细小，葱香味浓烈，主要用于调味。

二、大葱优良品种

1. 长葱白类型优良地方品种

(1) 章丘大梧桐　山东省章丘地方品种，中国最著名的大葱优良品种之一。生长势强，植株高大，株高 1 米以上，最高可达 2 米，葱白长 50～70 厘米，最长达 1 米左右，葱白直径 3～4 厘米，不分蘖，少数植株双蘖对生，叶细长，叶色鲜绿，叶肉较薄，叶直立，叶间距较稀，葱白细长，圆柱形，质地细嫩，纤维少，含水分多，味甜，微辣，商品性好，适宜生食、炒食和制馅。单株重 500 克左右，最重者可达 1 千克，亩产鲜葱 4 000～5 000 千克。生长速度快，产量高，品质好。适宜全国各地栽培。

（2）大梧桐 29 系　由章丘大梧桐经系统选择复壮后选出的新品系。植株高 130～150 厘米，生长期间具功能叶 5～7 片，叶尖向上或斜生，叶肉厚韧，叶面上蜡粉厚。葱白长 55～70 厘米，直径约 4 厘米，圆柱形，基部不膨大。葱白洁白、质地光滑、脆嫩多汁、纤维少，品质极佳。适应性广，适宜在全国各地栽培。植株直立，不分蘖，生长势强。抗寒，抗风，耐高温。较耐紫斑病、霜霉病和菌核病。每亩产量 5 000 千克。

（3）章丘气煞风　山东省章丘市农家品种。株高 1～1.1 米，不易抽薹、分蘖。葱白长 40～50 厘米，粗 4～5.2 厘米，基部略膨大，单株重 0.5～1.2 千克，管状叶粗短，叶色深绿，叶肉厚韧；叶身短而宽，叶面有较多蜡粉，叶聚生，抗风能力强。风味辛辣，品质上等，生熟食皆宜，较抗紫斑病，耐贮存。晚熟品种，生长期 270～350 天，亩产量 3 000～4 000 千克。

（4）寿光八叶齐　山东省寿光市地方品种，因生长期保持有效绿叶数 8 个而得名。株高 1 米以上，不分蘖，葱白长 40～50 厘米，葱白粗 4～5 厘米，叶粗管状，叶色绿，叶面蜡粉较多，生长势、抗病性较强，生熟食均优。单株重 400～600 克，一般亩产 4 000 千克左右。

（5）海洋大葱　河北省抚宁县地方品种。株高 80～90 厘米，葱白长 40 厘米以上，直径 5～7 厘米，单株重 350～400 克。生长期有效绿叶 6～8 片，葱叶开展度大，叶色深绿，叶粗管状，叶肉厚，叶面蜡粉多，叶间距离小，叶序整齐、扇形，植株抗风、抗病、耐贮存，味道辛辣，食用纤维少，品质优。一般亩产 2 500～3 500 千克。

（6）毕克齐大葱　内蒙古呼和浩特农家品种。株高 95～115 厘米，开展度 29～45 厘米，葱白长 29～39 厘米，直径 2.2～

2.9厘米。植株生长期间具9～11片叶,叶形粗管状,叶色绿。单株重约150克。小葱秋葱白基部有1个小红点,似胭脂红色,随着葱成长而扩大,裹在葱白外皮,形成红紫色条纹或棕红色外皮。在内蒙古地区长势强,生长期100天左右。抗寒、抗旱、抗病力强,易受地蛆为害。葱白质地紧密、细嫩,辛辣味浓,品质上乘,耐贮运。一般亩产2 000～3 500千克。

(7)山西鞭秆葱 山西省运城市农家品种。株高100厘米左右,无分蘖。叶形粗管状,叶色深绿,叶面蜡粉多。葱白长40厘米以上,葱白直径2～3厘米,单株重400克左右,葱白质地紧实,辣味浓,品质佳。一般亩产鲜葱3 000～4 000千克。

(8)赤水孤葱 贵州省赤水市农家品种。株高100厘米左右,葱白长50～65厘米,葱白直径2.5厘米左右,叶色深绿,叶面蜡粉少,单株重300克左右,最大可达500克。葱白质地脆嫩,味甜,品质好,耐寒、耐旱、耐贮存,较抗病。风味辣,一般亩产鲜葱4 000千克左右。

(9)华县谷葱 又称孤葱。陕西省华县农家品种,在华北地区颇有盛誉。植株高大,直立生长,株高90～100厘米,管状叶细长,排列稀疏,叶色深绿,叶身表面蜡层较薄,叶肉较薄。葱白长50～60厘米,无分蘖,直径2～3厘米,单株重300克左右,最大可达500克。品质好,味甜,嫩脆,中、晚熟。耐寒性强,耐旱、耐盐碱、耐贮存,香味浓,品质好,生熟食皆宜。一般亩产2 500千克,高产可达3 500千克以上。

(10)盖平大葱 又称高脖葱。辽宁省盖平龙王庙地方品种。株高1米左右,叶较直立,呈粗管状,叶面着蜡粉,深绿色。葱白高大,长45～50厘米,粗3～4厘米,单株重200～450克,最大株重600克。葱白爽脆而嫩,味甜微辣。抗寒性强,不分蘖,品质优良。亩产4 500千克左右。

(11)凌源鳞棒葱 辽宁省朝阳市凌源县地方品种。株高110～130厘米,葱白长45～55厘米,直径3厘米左右。单株重

250～500 克，最大可达 1 000 克以上，干葱率达 50%～60%。叶片明显交错互生，叶色浓绿，生长势强。葱白质地充实，纵切后各层鳞片容易散开，味甜微辣，香味浓。抗逆性强，耐贮运。亩产 1 750 千克。

（12）高脚白　天津市地方品种。株高 75～90 厘米，有分蘖，叶面蜡粉多，葱白长 35～40 厘米，直径 3 厘米，上下同粗。成株有绿色管状叶 8～10 片，单株重 0.3～0.5 千克。耐寒，耐旱，耐热，不耐涝。较抗病虫害。耐贮存。葱白质地细嫩，味甜，略有辛辣味，品质佳，生熟食均可。中熟品种，一般 3 月上旬至 7 月中旬栽培，在普通栽培条件下亩产 4 000 千克左右，最高可达 5 000 千克。

（13）牡丹巨葱　山东省菏泽市地方品种。植株高大，叶片上冲，颜色浓绿，有蜡粉，葱白长约 70 厘米，直径 4 厘米，组织紧密，质地细嫩，纤维少，一般单株重 500～1 500 克，亩产可达 7 000 千克。适应性强，抗逆性好，高抗寒，生长快，收获期短，产量高，味道鲜辣浓香，营养丰富，耐贮运。

（14）中华葱王　河南省通县地方品种。生长势强，植株粗壮，株高 170 厘米左右。叶色浓绿，葱白长 80 厘米，粗 3 厘米，味美辛辣。不分蘖，单株重 500 克左右，最大可达 1 500 克。亩产 6 500 千克左右，可秋播和春播。

（15）掖选 1 号　山东省莱州市蔬菜研究所选育。植株高大挺直，株高 130～160 厘米，单株重约 900 克。葱白长约 70 厘米，直径约 4 厘米。叶色绿，叶片上冲，叶鞘集中，叶肉厚。葱白质地细嫩，辣味适中。适应性广，可在华东、黄河及长江流域种植。抗风，抗病性较强。亩产 6 000 千克左右。

（16）五叶齐　天津市宝坻县地方品种。株高 120～150 厘米，葱白长 35～45 厘米，直径 3～4 厘米，单株重 500～1 000 克。不分蘖，葱白肥大柔嫩，味道微甜辛辣，生熟食皆佳。该品种显著特征是：生长期间始终保持 5 片绿叶，如手指张开，叶片

上冲,不分蘖,心叶两侧2片叶等高,叶片最大展开度25~30
厘米。耐寒、耐热、耐旱、耐涝性能强,耐贮存,抗病性较强。
属中、晚熟品种。亩产4 000~6 000千克。

(17) 三叶齐 辽宁省营口市蔬菜研究所利用地方品种系统
选育而成。株高120~140厘米,葱白长60~70厘米,直径2~
2.6厘米,地下假茎有鲜艳紫膜。生长期间保持3~4片绿叶,
叶色深绿,叶形细长,开张度小,叶表面多蜡质。植株不分蘖。
葱白质地细嫩,辣味适中。叶壁较厚,叶鞘抱合紧,不易倒伏,
对紫斑病抗性较强。亩产3 000千克。

(18) 盖州大葱 辽宁省盖州市农家品种。株高100厘米
左右,葱白长约50厘米,直径3~4厘米,单株重约500克。
叶细长,叶色深绿,植株直立,不易抽薹,不分蘖。葱白长
约50厘米,直径3~4厘米。质地柔嫩,味甜。亩产2 000~
3 000千克。

2. 短葱白类型优良地方品种

(1) 平度老脖子葱 山东省平度市农家品种。株高80~90
厘米,葱白长30厘米左右,叶数6个,叶形粗管状,叶色绿,
叶面蜡粉中等,单株重500克以上,味甜辣中等,香味浓。抗逆
性强,产量高,一般亩产鲜葱4 000~6 000千克。

(2) 沂水大葱 山东省沂水县农家品种。株高70厘米左右,
葱白长25~30厘米,叶数6个,叶形粗管状,叶色深绿,叶面
蜡粉中等,单株重500克以上,辣味中,香味浓。一般亩产鲜葱
5 000千克以上。

(3) 河北深泽对叶葱 河北省深泽县农家品种,因葱叶相对
生长(一般葱叶相错生长)而得名。株高70~80厘米,叶形粗
管状,叶色深绿,叶面蜡粉中等,葱白长30~35厘米,单株重
120~130克,味浓。亩产鲜葱3 000千克以上。

(4) 宝鸡黑葱 陕西省宝鸡市农家品种。株高80厘米,葱
白长27厘米,叶形粗管状,叶色深绿,叶面蜡粉中等,单株重

300～350 克，味浓，生、熟食皆宜。既可作大葱栽培，也可作小葱栽培。

（5）岐山石葱 陕西省岐山县农家品种。株高 100 厘米，葱白长 35 厘米，叶形细管状，叶色深绿，叶面蜡粉少，单株重 300 克，味辛辣，香味浓。

（6）对叶葱 河北省中南部地方品种。叶簇直立，株高 60 厘米左右，叶近对生，葱白长 20～25 厘米，假茎基部膨大，径粗 4～5 厘米，单株重 0.5 千克左右，味甜，稍辣，生熟食均可，叶呈粗管状，高 30～40 厘米，横径 3 厘米，单株重 250～400 克。葱白味甜带辛辣，生食、炒、烧、做馅均可。晚熟，抗寒性、抗病性强，耐旱、贮存性好。亩产 4 000～5 000 千克。

（7）安宁大葱 云南省昆明市安宁地方品种，栽培历史悠久。植株生长势强，葱白长 25～30 厘米，直径 2～3 厘米，单株重 100～300 克。葱白洁白、脆嫩、味佳，甜辣适度，芳香味浓。单株重 0.15～0.3 千克，抗逆性强。春、秋两季均可栽培。适于云南、广西等地种植。春季播种，在 6～7 月份定植，培土 2 次，新年上市，亩产量 5 000 千克左右；秋季 10 月中下旬播种的，翌年 3～4 月定植，培土 2～3 次，国庆节以后上市，亩产量 6 000～6 600 千克。

（8）章丘鸡腿葱 株高 90 厘米左右，葱白长 25～30 厘米，叶略弯曲，叶尖较细，假茎基部膨大，向上渐细、稍弯曲，单株重 0.4～0.5 千克，辣味强，香气浓，品质好，主要以干葱作调味品用。

（9）日本葱 又称西田大葱。引自日本。株高 80 厘米，有分蘖，叶色深绿，叶片较细，蜡粉多。叶片上冲紧凑，抗风性强，单株重 350～500 克，耐寒性特强，抗病虫性强。3 月上旬至 11 月上中旬栽培，味辛辣，熟食尤佳。耐贮、耐运，属晚熟品种。亩产 3 000～4 000 千克。

（10）隆尧鸡腿葱 河北省隆尧县地方品种。株高 80～100

厘米，直立，不分蘖。葱白长 20～25 厘米，上细下粗呈鸡腿状，直径 5.8 厘米。单株重 0.4～0.5 千克。叶形短粗管状，叶色深绿，叶面蜡粉较少，葱白洁白，品质高。亩产 5 000 千克以上，适应性强，生长旺盛，耐贮性好。适于全国各地种植。

（11）莱芜鸡腿葱　山东省莱芜市农家品种。株高 100 厘米，葱白长 20～25 厘米，叶数 5 个，叶形粗管状，叶色绿，叶面蜡粉中，葱白淡绿色。单株重 150～200 克，味辛辣，香味浓，耐贮存，适宜熟食，生长势较强。亩产鲜葱 3 000～4 000 千克。

（12）汉沽独根葱　天津市汉沽区①农家品种。株高 60 厘米左右，葱白长 25～30 厘米，基部膨大，横径 4.5 厘米，向上渐细，且稍有弯曲，形似鸡腿，叶形中管状，叶色深绿，叶面蜡粉多，单株重 150 克左右。葱白肉质细密，辛辣味浓，品质佳，抗病，耐贮存。亩产鲜葱 2 000～3 000 千克。

第三节　大葱栽培技术

一、大葱周年生产茬次安排

大葱忌重茬，一般需进行 3～4 年轮作，前茬可以是瓜类、豆类、叶菜类和粮食作物。大葱对光照要求不高，光饱和点较低，故可与其他作物如甘蓝、茄子、番茄等间作套种。大葱种子较小，种皮坚硬，吸水能力差，贮存的养分少，出土较慢，出土后生长较缓慢，苗期较长，生产上一般采用先育苗后移栽定植的方式。

大葱对温度的适应范围较广，耐寒抗热，适应性较强，在我国北方地区幼苗可自然越冬，炎夏虽生长缓慢，但不休眠，而且产品收获期不严格，植株大小均可上市，因此可以分期播种。为

────────────

① 2009 年 11 月，汉沽区与塘沽区、大港区正式合并为滨海新区，直属天津市。——编者注

满足生产的需要，生产上结合保护地设施，实现周年栽培，周年
供应，以满足市场需求。一般春季 2～3 月份用冬暖式大棚育苗，
苗龄 50～60 天，定植于拱棚内，8 月份收获；或 3 月底至 4 月
初小拱棚育苗，苗龄 60～70 天，麦收后定植于露地，10 月收
获；也可 9 月下旬露地育苗，自然越冬，翌年 6 月定植于露地，
9～10 月收获；还可于 9～10 月小拱棚育苗，苗龄 50～60 天，
定植于冬暖式大棚，翌年 3～4 月收获。

　　大葱的产品主要有干葱和青葱。干葱又叫冬葱、大葱，主
要以绿叶干枯的葱白供食用，对产品大小、生产季节和收获季
节要求较严格，一般是秋末收获后冬贮食用。贮存和越冬中的
成株，在水分、温度适宜条件下能利用假茎贮存的养分萌发生
长。露地与设施栽培相结合，采取分期播种，可以实现大葱周
年供应。

　　如果前茬作物收获晚或冬前不能腾茬，也可春播。春播苗生
长期只有 120 天左右，移栽前比秋播苗小，叶色浅，叶肉薄，葱
白短，不充实，产量低。除在秋季培育充分生长的大葱外，各地
还在其他季节栽培收获青葱，以鲜嫩的绿叶和叶鞘供食用，对产
品大小、生产季节和收获季节要求不严格，可在露地或利用各种
设施，随时播种，随时生产，随时收获上市。1～3 月，在简易
日光温室内播种，平畦撒播，3～5 月小青葱上市；3 月中下旬小
拱棚内播种，平畦撒播，6 月小青葱上市。也可在 6 月上中旬移
栽，10～11 月收获上市或冬贮；4 月上旬露地播种育苗，6 月中
下旬宽畦密植移栽，露地越冬，翌年 3～4 月摘除花蕾，4～5 月
青葱上市；7～8 月播种育苗，9～11 月上旬移栽，密植（株距 3
厘米），露地越冬，翌年 3～4 月摘除花蕾，5～7 月青葱上市；9
月中下旬播种育苗，苗床露地越冬，翌年 3～4 月小青葱上市；9
月中下旬播种育苗，翌年 4 月中旬移栽，7～8 月收获青葱上市；
或 6 月移栽，10～11 月收获上市和冬贮；8 月下旬至 9 月上旬日
光温室内播种，10 月中旬扣棚，12 月至翌年 2 月小青葱上市。

二、冬葱栽培

1. 品种选择 选择抗逆性和抗病虫性强、适应性好、产量高、耐贮存、品质和商品性好的优质抗性品种。优质大葱的标准：植株完整、紧凑、无病虫害，叶肥厚，叶色深绿，蜡粉层厚，成品叶身和假茎长度比约 1.2～1.5：1；假茎长 40 厘米，直径 2 厘米左右，洁白、致密。手握大葱假茎基部，能保持植株挺立 5 秒钟以上。常用品种有章丘大葱、赤水孤葱、大梧桐、元藏、吉藏、白树、小春、九条等。

2. 栽培时间 有露地春播育苗和露地秋播育苗两种栽培方式。秋播大葱土地利用率较低，占用苗圃地时间较长，大葱栽植地春季前茬不能种植其他作物，且越冬管理较为费工，因此目前秋播面积较小。

春播育苗一般在 3 月份播种，6 月底至 7 月初定植，正好利用小麦、蚕豆、大蒜等作物茬口，生长盛期在秋凉季节，10 月底可作为鲜葱和贮干葱越冬供应市场。一般在当地土壤夜冻日消、地面消冻 15 厘米时顶凌播种。由于没有先期抽薹的威胁，而且育苗期短，易于管理。春播育苗可以有效增加复种指数，提高农田土地利用率。

3. 播种育苗

（1）苗床准备 大葱苗床地应选择靠近水源、背风向阳、土质疏松、有机质丰富、肥沃平坦的田块，切忌在同一块地连茬育苗，应选 3～5 年内未种植过葱蒜类蔬菜的地块。大葱种子小，种皮坚硬，吸水力弱，种子萌发慢，子叶弓形出土阻力大，且拉弓至伸腰阶段土壤缺水板结，幼苗根系极易枯死。因此，精细整地是保证大葱苗齐、苗壮的先决条件。整地时，首先清除前茬作物的枯枝落叶和杂草，深翻细耙。在翻地的同时，每亩苗床地施入 4 000～5 000 千克充分腐熟的优质农家肥，随即深翻，使肥料与土壤混合均匀。也可适量掺入磷肥，每亩施 20～30 千克过磷酸钙。秋播苗床整地时，可亩施尿素 20 千克。

大葱苗床与大田栽培面积的比例一般为 1∶8～10。苗床作成宽 1 米、长 8～10 米的畦，畦埂宽度 25 厘米左右。要求畦平、埂直、土松。一般秋播育苗播种前 7 天将畦面浇水漫灌，润透苗床。冬前在畦面浇一次冻水，做到底墒充足。

（2）种子处理 播种前要测定种子发芽率和发芽势，以便确定播种量。发芽率在 90％以上的种子，播种量一般为每亩 3～4千克，稀播不间苗的播种量以 1.5～2 千克为宜。根据计划播种量和计划生产面积确定用种量。大葱可干籽播种，也可浸种催芽后播种。具体方法：先用 30℃左右温水浸种 12 小时，并将种子用清水淘洗干净，然后将种子沥干水装入布袋或瓦盆中，在15～20℃温度下催芽。浸种期间每 12 小时换一次水，保持水的清洁和溶氧充足，并稀释和消除萌发抑制物质的影响。催芽期间每天淘洗种子 1 次，并经常翻动种子，使各部分种子受热均匀，并排除二氧化碳，供给新鲜空气，一般 3～4 天种皮拱破即可播种。播前也可先进行种子消毒处理。具体做法是：将大葱种子在40％甲醛 300 倍液中浸泡 3 小时，捞出用清水冲洗净，晾干后播种；也可将大葱种子用 0.2％高锰酸钾溶液浸泡 20～30 分钟，捞出用清水洗净，晾干后播种。

（3）播种方法 播种方法有撒播和条播两种。撒播是先在播种畦内将表 1～2 厘米土起出，打细，堆放在畦埂或畦外。如果土壤墒情不足，可畦内灌足水，或用喷壶将畦面湿润，待水渗入土壤后把种子均匀撒上，再覆土 1～1.5 厘米。这种做法墒情好，覆土不板结，覆土均匀，出苗率较高。当土壤墒情好时，也可不灌水，先撒种，再盖土、踩实，这叫干播法。条播又叫沟播，是在畦内按 15 厘米左右的行距开深 1.5～2 厘米的浅沟，种子播在沟内，搂平畦面，踩实后浇水。播后立即覆盖地膜或稻（麦）秸，当 70％幼苗顶土时，再撤除床面覆盖物。

寒冷地区春季育苗，为了提早播种期，可采用小拱棚覆盖育苗。方法是在整好的畦内用撒播的方法播种，播后在畦面用竹竿或树枝支成离地 30～40 厘米高半圆形棚架，上面覆盖塑料薄膜，四周用土把薄膜压实，再将棚顶用竹片弯弓压膜，以防大风刮坏棚膜。小拱棚育苗可比露地育苗提前 20～30 天出圃，但出苗后要经常通风透气，锻炼幼苗，待室外温度达到 10℃ 左右时才可撤去拱棚。拆棚过晚也容易引起大葱苗期病害。

（4）苗期管理

①冬前管理：为了使幼苗安全越冬，须使幼苗在越冬前具有 2～3 片真叶、株高 10 厘米左右。如果幼苗徒长过大，可感受低温而通过春化阶段，以后随着天气转暖易发生先期抽薹现象。所以，既要保证越冬幼苗有足够的生长量，又不能使幼苗徒长。播种后，苗床土壤应保持湿润，防止床土板结。幼苗伸腰时应灌一次水，利于种子伸直、扎根稳苗。真叶长出后，根据天气情况灌水 1～2 次，水量不宜过多，以免秧苗徒长。秋播秧苗越冬前要灌一次水，但时间不宜过早，水量不宜过大，防止因灌水而降低地温。越冬前是否对幼苗追肥，要看实际情况而定，如果苗床施足了基肥，一般不需追肥，防止幼苗过大或徒长，如果苗小且基肥不足，可随浇冻水追肥 1 次，寒冷地区可覆盖马粪和设立风障防寒。大葱播种后，出苗慢且叶小、苗龄长，加之土壤肥沃、湿润，地面容易生杂草。大葱安全生产一般不提倡化学除草，尽量采用人工除草或加覆盖物除草。

②春季苗田管理：当春季日平均气温达 13℃ 时，把覆盖物如马粪、碎草等搂出畦外，修好畦埂，把畦面耙搂一遍。然后浇返青水，返青水不能浇得过早，以免降低地温。有条件时，可结合浇返青水每亩冲施腐熟有机肥 300～500 千克，然后中耕、间苗、除草。间苗一般在蹲苗前进行，间苗时要拔除弱苗、病苗、密苗、不符合品种特性的苗，间开双苗，保持行株距 2～3 厘米，防止幼苗因间距太小而生长瘦弱、徒长。但要注意不能使幼苗过稀，否则会造成苗数少而浪费土地。当苗高达 20 厘米时，再间

苗 1 次，保持株距 7～8 厘米。

秋播苗在浇过返青水后，蹲苗 10～15 天，使幼苗生长粗壮，为下一阶段生长打下基础。蹲苗后幼苗进入各类旺盛生长期，要增加浇水次数，保持土壤见干见湿。在幼苗旺盛生长开始时，应顺水施肥，每亩施尿素 20 千克，随即浇水 2～3 次。为了增强葱苗抗病力，可用草木灰过滤液喷施叶面，以补充钾肥，从而有效减少葱叶干尖、黄叶的发生。每亩可用 7～8 千克草木灰溶于 15 升水中，并过滤，在滤液中再加入 150 升水，用于叶面喷施。

4. 定植

（1）定植期　大葱定植期的确定，一要根据当地气候条件，保证在停止生长前（日平均气温 7℃）有 130 天以上生长时间；二是育苗方式，春播育苗一般比秋播育苗苗子小，定植期应晚 15 天左右。华北地区多在 6 月上旬至 7 月上旬定植，株型较小的鸡腿葱可延迟 10 余天定植，这样可保证栽入到大田后有 130 多天生长时间，满足大葱充分生长的需要。定植过早，葱苗较小，生长缓慢。定植过晚，秧苗徒长，栽苗困难，易倒伏，且缓苗期正值高温多雨，幼苗易感染病害和因田内积水沤根致死。一般应在适期内及早定植，当雨季和高温来临时，葱苗已缓苗返青。入秋转凉时，植株已形成强大的根系，可迅速转入葱白生长旺盛期。山东大葱前茬一般为小麦，麦收后及时灭茬，立即整地定植，否则可能遇连阴天而造成栽植困难。

（2）整地作畦　大葱定植土壤要求与苗床地相同。每亩施 5 000～6 000 千克充分腐熟的有机肥，结合耕翻使土肥充分混匀。定植沟距与大葱品种、所培育假茎的长短有关：短葱白品种适宜用窄行浅沟；长葱白品种对葱白要求不高，可窄行浅沟；对大葱的商品质量要求高时，可用宽行深沟。栽植沟南北向，可使大葱受光均匀，减轻秋、冬季强北风造成倒伏。开好定植沟后，把垄背拍光踩实，以便于定植操作。同时，要注意有合适的株距和行距，以保证在拥有较高质量的前提下有较高的产量。鸡腿葱要求株行距 5~6 厘米×50~55 厘米，沟深 8~10 厘米；长葱白品种株行距 5~6 厘米×70~80 厘米，沟深 15~20 厘米；短葱白品种密度介于前两者之间。

（3）起苗分级　起苗前先在苗床土洒水润畦，起苗时用手握住葱苗根部，轻用柔力缓慢拔起。大葱定植适宜苗态：株高 30~40 厘米，假茎粗 1 厘米左右，绿叶 6 片以上。但生产实践中同一苗床的秧苗往往有大有小。秧苗过大，不但定植困难，而且定植后缓苗迟缓，遇风易倒伏，多长成弯葱，秧苗利用率低，成本高；秧苗过小，也不便于定植，且定植后生长缓慢，天气湿热时不易缓苗发棵，葱白形成期短，品质差，产量低；大小苗混在一起，定植后更不利于管理。因此，定植前结合起苗进行秧苗分级十分必要。先将拔起的秧苗抖净泥土，剔除病、残、弱、杂株，然后将秧苗按大、中、小分为三级。一般长葱白型大葱一级苗每千克 60 株，二级苗 75 株，三级苗 90 株。出圃秧苗按级扎捆，运输中避免强光直射，起苗后及时栽植，当天栽不完的秧苗要在阴凉处存放，根朝下立放，不可堆垛，以免因呼吸放热烂苗。

（4）定植方法　大葱的定植方法有排葱和插葱两种。

①排葱法：适用于鸡腿葱和短葱白类型品种。沿葱沟壁陡的一侧按株距摆放葱苗，葱根稍压入沟底松土内，再用小锄从沟另一侧取土，埋在葱秧外叶分叉处，用脚踩实，顺沟浇水，或先引水灌沟，水渗下后摆葱秧盖土。排葱法具有栽植快、用工少的优点，但缺点是葱白下部不直，影响外观质量。

②插葱法：适用于长葱白品种。把葱苗基部放在栽植处，用木棍下端压住葱根基部垂直下插，葱苗随木棍进入沟底松土中。先灌水，水渗后插为"水插"；先插栽，后浇水为"干插"。插葱时，葱叶分叉方向要与沟向平行，避免田间管理时伤叶。插葱深度以心叶处高出沟面 7~10 厘米为宜。栽得过深，不利于缓苗，根系易因氧气不足而生长不旺，甚至腐烂；过浅，容易倒伏，不便培土而降低葱白长度。为了防止地下害虫为害，可在栽植时将

葱秧用 40％乐果乳油 600 倍液或 20％氰戊菊酯乳油 2 000 倍液浸泡 1～2 分钟。

（5）栽植密度 大葱株型紧凑而直立，适合密植。一般长葱白品种每亩栽植 18 000～23 000 株，短葱白型品种每亩可栽植 20 000～30 000 株。定植早的可适当稀一些，定植晚的可适当密一些；大苗适当稀植，小苗适当密植。为了使植株生长整齐，便于密植和田间管理，减少以后培土时损伤葱叶，栽植时应使葱叶展开方向与行向呈 45°角，并且所有植株的叶朝向相同的方向。

5. 田间管理 冬葱田间管理的重点是促进葱白生长，主要措施是促根、壮棵和培土软化，加强肥水管理，为葱白形成创造适宜环境条件。定植后进入高温季节，生长缓慢，以中耕促根为主；立秋以后天气转凉，进入叶生长盛期，以加强水肥管理为主；白露以后天气凉爽，进入葱白形成期，以加强肥水和培土软化管理为主。

（1）中耕除草 大葱定植后正值炎夏季节，由于温度高，根系生理机能和地上部光合机能减弱，生长缓慢。管理的目标是保持土壤良好的通透性，促进大葱根系生长。主要措施是中耕，每次灌水和下雨后应及时中耕，锄松垄沟，防止地面板结影响保墒和根系通气。结合中耕，拔除垄沟内杂草。秋雨季节仍应注意中耕和除草，加强根系通气，雨后及时破表深刨、散墒透气。

（2）水分管理 葱耐高温、耐旱能力远比耐涝能力强，所以宁旱勿涝。灌水原则是将根群范围内的土壤润湿，适宜的田间持水量 70％～80％。大葱定植后，因高温处于半休眠状态，对肥水需求不多，天不旱不宜灌水，通过中耕保墒，促进根系生长和深扎。如遇大雨，及时排水，以免引起烂根、黄叶、干尖和死苗。立秋以后，大葱开始缓慢生长，对水分的要求不高，此时宜少浇水、浇小水，早晚浇，保持土壤湿润即可。白露前后，大葱开始旺盛生长，并进入葱白形成期，需要大量的水分和养分。灌水应掌握勤浇、重浇的原则，增加浇水次数和每次灌水量，一般

6～7天浇一次水，每次浇足浇透，经常保持土壤湿润。沙壤土透水性强，保水力较差，应视情况缩短浇水间隔，壤土和黏壤土则应适当延长浇水间隔。灌水时间宜选在早晨。此阶段共需灌水7～10次。寒露以后，大葱基本长成，生长减慢，需水量减少，此时需减少灌水次数，灌2次水即可。但要保持土地不见干，如果缺水，则叶片软，葱白松软，产量低，品质变劣。收获前7～10天停止灌水，防止植株含水量过多而不利于贮存运输。

（3）追肥　大葱生长期长，为了满足不同生长时期对矿质营养的需求，除定植前施足基肥外，还应根据生长发育特点分次追肥。为了尽快发挥肥效、提高肥效，追肥应结合灌水进行。根据前茬地力和基肥情况追肥2～3次，并按照植株的生长发育阶段分期进行。

一般在秋凉以后，结合灌水、培土等开始追肥。第一次追肥在立秋后，每亩施50～100千克饼肥，或充分腐熟的人粪尿2 000千克。如果土壤缺磷，需加施过磷酸钙25～40千克。严禁使用未充分腐熟的人粪尿，禁止将其直接浇或随水灌在大葱上。追肥要结合中耕进行，使肥料与土壤混合均匀，然后灌水。这次追肥可促叶片生长，为葱白膨大打好基础。处暑后叶生长加速，进行第二次追肥，补充速效性氮肥和钾肥，每亩撒施尿素15～20千克、硫酸钾20千克，施肥后破垄培土并浇水。葱白生长加速，施肥仍以速效氮肥和钾肥为主，分别在白露和秋分进行，每次每亩施尿素15～20千克，结合2次追肥施入草木灰150～250千克或硫酸钾20千克，以促进管状叶营养向葱白转运，并增强植株抗病性。霜降后生长缓慢，一般不再追肥。大葱须根趋肥、趋温、趋水性很强，因此施肥应结合培土一起进行，一般不必开沟施肥，将肥施在葱白茎部表面，用培土压盖即可。

大葱生长期间还可根据生长表现进行营养诊断，判断各种营养元素丰歉及需求。如氮素供应过多，大葱叶片深绿、生长旺盛，但叶片机械组织不发达，脆嫩、易折，易发生病害，遇风易倒伏。氮素不足则葱叶呈淡绿色或黄色，叶片细小，植株低矮、老化。磷素供应不足时，会导致分生组织细胞分裂不正常，根系发育减弱，植株矮小。钾素供应不足时，葱叶的机械组织发育不良，抗病虫及抗风能力下降，光合作用减弱。

（4）培土软化　培土有软化叶鞘、防止倒伏、提高葱白质量和产量的作用，是大葱重要的管理措施之一。一般来说，培土越深，葱白越长，组织越充实越洁白。但葱白长短主要取决于品种特性、肥水管理和有无病虫害等因素，培土可加长假茎的软化部分，但对其总长度没有明显影响。所以，培土的高度要适当，一般长葱白品种培土高度 30～40 厘米，短葱白品种培土高度 20 厘米。

培土必须于葱白形成期结合浇水施肥，在立秋、白露和秋分分别进行。华北地区从 8 月上旬开始培土。短葱白品种到 9 月初培土 2 次，然后平沟；9 月中下旬再培土 1 次。长葱白品种从 8 月上旬至 9 月上旬培土 3 次，然后平沟，到收获前再培土 2 次。在第一、第二次培土时，气温高，植株生长缓慢，培土应较浅；第三、第四次培土时，植株生长快，培土可较深。每次培土只埋叶鞘，勿埋叶片。培土应在上午露水干后、土壤凉爽时进行。每次培土的高度应根据葱白生长长度而定，以不埋住葱心为标准。一般每次培土高度 3～4 厘米，培土取土总深度不超过开沟深度的 1/2，取土的宽度不得超过行距的 1/3，否则会影响根系生长。大葱培土次数和培土高度也依品种而异，葱白较长的品种需适当多培土，葱白较短的品种应适当减少培土高度和次数。

6. 采收

（1）采收时间　大葱收获应根据栽培地区、栽植季节和市场供应方式而定。秋播苗早植的大葱，一般以鲜葱供应市场，收获期在 9～10 月份。春播苗栽植的大葱，鲜葱供应在 10 月上旬收获。干贮越冬葱在 10 月中旬至 1 月上旬，管状葱叶内水分减少，叶肉变薄下垂时收获。早收，心叶还在生长，葱白不充实，易空心，不耐贮；晚收，假茎易失水而松软，影响葱白产量和品质，并且容易遭受冻害而引起腐烂。

（2）采收方法　露水干后，从大葱垄一侧下挖至葱白基部须根处，将土劈向外侧，露出葱白，用手轻轻拔起，避免损伤假茎，拉断茎盘或断根，抖净泥土，平摊在地面，适当晾晒。立冬前收获时，要避开早晨霜冻，叶片遇霜冻后，挺直脆硬，一触即断，叶片折断后贮存时水分损失严重，易染病，霉烂。按收购标准分级，保留中间 4～5 片完好叶片。每 20 千克左右一捆，用塑料编织袋将大葱整株包裹好，用绳分 3 道扎实，不能紧扎，防止压扁葱叶。运输时，将包裹好的葱捆竖直排放在车厢内，可分层排放，不要平放、堆放。

三、大葱反季节栽培

1. 品种选择　种植反季节上市的大葱，应选择抗寒、抗抽薹、抗热、抗病且品质优良的大葱品种。如章丘长白条大葱、中华巨葱优系等品种。

2. 培育壮苗

（1）育苗定植　第一茬 6 月底至 7 月初育苗，9 月定植，第二年 3～4 月上市；第二茬 9 月中旬育苗，第二年 3～4 月定植，8～9 月初上市。

（2）育苗地选择　由于两个茬次的育苗时间几乎都在雨季，所以应选择土地平坦、地势稍高，旱能浇、涝能排的 3 年以上没种过大葱、洋葱、韭菜、大蒜等百合科蔬菜的地块。

（3）施足基肥　由于大葱幼苗根系短，入土浅，吸收土壤营养的能力差，要想培育壮苗，必须施足充分腐熟的有机肥和一定数量的磷钾肥。耕地前每亩施腐熟细碎厩肥（鸡、鸭、羊粪及生人粪尿不宜）5 000～6 000 千克，整好畦，播种前再撒施硫酸型三元素复合肥 25 千克。

（4）精耕细耙，起垄作畦　为了预防地下害虫为害幼苗，有机肥撒开以后,应再撒施一次毒饵,即每亩用麦麸 5 千克炒黄,然后用 250 毫升辛硫磷稀释液拌匀,密闭 3 小时后撒布地面,随有机肥翻入土中,可一次杀死多种地下害虫。耕翻过的土地要充分耙细、耙实、整平。作畦前先在地的一边开好垄沟,畦净宽 1~1.2 米,畦埂宽 20~23 厘米,高 8~10 厘米(踩实刮直后),然后,先在畦内每亩撒施三元素复合肥(N、P、K 各 15%)25 千克,锄透耧平,然后播种。

(5)播种 每亩用种 3~4 千克。播种方法:①耧种。在整平的畦面上均匀撒播种子,撒完后用耙细耧一遍,使种子与土充分掺和,并浅埋土。②盖种。畦整平后,用平锨清出 1 厘米厚畦面细湿土,再次把畦面整平,然后浇水,当畦内水深达 6~7 厘米时停止;畦面明水渗干后播种,播后覆盖细土,厚度 1 厘米左右。盖播的幼苗根深、根多、苗多、耐旱、健壮。

播后趁墒喷洒除草剂。每亩用 33%施田补(又名除草通)100~150 毫升对水 60~75 千克,均匀喷洒地面。经常保持地面湿润,持效期 30~45 天。

(6)幼苗期管理 齐苗到 5 叶期,进行 1~2 次间苗。苗距 1~1.5 厘米。结合间苗,拔除未被除草剂杀死的杂草。控制浇水,不旱不浇水,以减轻发病率和黄化苗。如果幼苗生长细弱,可结合浇水适当追肥。每亩随水冲施尿素 7.5~10 千克,隔 20 天冲施一次,共冲施 2 次。如果生长期间遇到连阴雨天气,应注意防治霜霉病和白色疫病,以确保壮苗。

3. 定植 夏播大葱 9 月上中旬定植,秋播大葱翌年 3~4 月定植。行距 80 厘米,株距 1.5~2 厘米,开沟定植(排葱)。定植前先将葱苗严格分级,然后进行药剂处理,以消灭根蛆(种蝇幼虫),保证全苗。定植沟不可太深也不可太浅。太深,死土层不利根系生长;太浅,以后培土比较困难。定植沟开好后,新翻上去的虚土要稍加镇压,以防以后塌方压倒葱苗。沟内葱苗排好后要适量施用压根肥。压根肥以腐熟厩肥较好。每亩 5 000 千克加 25 千克三元复合肥混匀后施用。结合开下道沟，压根肥上面再适当覆一层细湿土。厚度以压根肥加土不埋没葱心为度，稍加镇压即告结束。

4. 田间管理

①水肥管理：反季节大葱定植后，正值温度最适宜大葱生长的时期，苗一缓过来，便迅速生长。因此，肥水管理是高产、优质的重要环节。凡是按要求施足压根肥的，生长中期以前不会缺肥，只要土壤湿度适宜，即可保证迅速健壮生长。土壤湿度保持在饱和持水量的 70％左右为宜。旱则浇水，浇后适时中耕松土，以利保墒和增加土壤透气性，促进根系发育，提高吸收水肥的能力。葱白长短由培土来决定。随着生长速度加快和叶量增多，植株对土壤营养的需求量急剧上升。为保证高产，必须及时追肥。追肥可结合浇水进行。每次每亩追施尿素 15～20 千克。顺沟撒施，施后浅锄埋肥，以防肥料随水流失，达到均衡施肥的目的。最好增施一定量的磷、钾肥。

②培土：一般反季节大葱，需要培土 3～4 次，才能保证葱白长度达到 70～80 厘米。每次培土厚度以不埋没生长点（葱心）为标准。越冬栽培的反季节大葱，在大地封冻前进行一次厚培土，尽量减少叶子干枯量，蓄积营养，保证冬后早发。

5. 收获 越冬反季节大葱可视市场行情决定采收时间。为保证品质，最好在出笔（薹）前和葱笔较小时收获上市，9 月育苗的可在第二年 8 月市场行情较好的时期收获上市。

四、大葱春季设施提早栽培

春季设施提早栽培一般于 9 月下旬至 10 月上旬采用小拱棚多层覆盖育苗，翌年 1 月中下旬大棚三膜覆盖栽培，5～6 月收获。

1. 品种选择 应选用耐低温、低温期生长快、抗春化、晚抽薹、抗病性强、假茎组织紧密、整株色泽亮丽、加工品质好的品种。

2. 培育壮苗

（1）苗床准备　苗床建在 3 年未种过葱、韭、蒜的田块，东西向，宽 1.2 米，长依育苗量而定。每定植 1 亩需育苗面积 80 米²。建床时，每平方米苗床施腐熟羊马粪 2～3 千克、三元复合肥 100 克，要与床土充分混匀，同时备好拱条、薄膜、草苫等保温物资。

（2）适时播种　播种时期过早，冬季葱苗绿体太大，易春化抽薹开花，过晚葱苗太小，不能适时定植。播种适期一般 9 月下旬至 10 月上旬。播前造墒，撒播葱种 150 克，喷水渗下后，用 2 000 倍移栽灵（一种植物抗逆化学诱导剂）喷洒，预防倒苗，然后盖土 2 厘米厚。

（3）苗床管理　播种后及时架设小拱棚，覆盖草苫，以保温防寒，提高地温，促发芽出苗。出苗后重点搞好温度调控，棚温控制在 23～25℃，夜间在 8℃以上，视天气变化情况及时揭盖草苫。冬季雨雪连阴天也要晚揭早盖，尽量增加光照时间。一般苗床不浇水施肥。为防猝倒病，葱苗直钩前后喷洒 2 000 倍移栽灵 1～2 遍。葱苗具有二叶一心时即可定植。

3. 定植　大棚越冬栽培采用两膜一苫覆盖。两膜为大棚和内架设小棚覆盖膜，一苫为小拱棚膜外加盖草苫。大棚定植前 10～15 天封棚升温，定植后架设小拱棚覆盖保温。

前茬收获后结合深耕每亩施腐熟农家肥 8 000～10 000 千克，耙平后开沟栽植。栽植沟南北向，使受光均匀。沟间距 1 米，深 25 厘米，沟底每亩施三元复合肥 20 千克，划锄入土，土肥混匀。移苗前 1～2 天苗床浇水，起苗时抖净泥土，选苗分级，剔除病、弱、残苗和有薹苗，将葱苗分为大、中、小三级分别定植。边刨边选，随运随栽。用 2 000 倍移栽灵蘸根，1 月中下旬定植。定植行距 1 米，株距 3 厘米，每亩栽苗 22 000～23 000 株。多采用水插栽植，先用水灌沟，水深 3～4 厘米，水下渗后再用葱叉压住葱根基部，将葱苗垂直插入沟底，栽植深度 5～7

厘米，达外叶分叉处不埋心为宜。插葱时叶片的分叉方向要与沟向平行。

4. 田间管理

（1）温度管理　定植后立刻覆盖小拱棚，夜间在棚上盖草苫保温。特别是当假茎粗 0.5 厘米以上、植株 4 叶 1 心时更应加强夜间保温管理，尽量减少温度低于 8℃ 的次数和时间，严防大葱通过春化阶段导致抽薹开花。到 3 月上中旬，气温已逐渐升高，大葱也进入假茎生长初期，结合施肥培土，可撤去小拱棚，随气温逐步升高，应逐渐加强大拱棚通风，尽量将温度控制在白天 20～25℃、夜温不低于 8℃ 的适宜范围内。

（2）浇水管理　定植后浇一次小水，葱苗根系更新后进入葱白生长初期再浇水，大葱进入旺盛生长期前只能少浇水、浇小水；进入旺盛生长期后要结合培土大水勤浇，叶序越高、叶片越大，需水量越多，中后期结合培土施肥应 5～6 天浇一次水，直至收获。

（3）追肥管理　大葱缓苗后应追提苗肥，结合浇水每亩施尿素 15～20 千克；葱白生长初期，生长逐渐加快，应追攻叶肥，每亩追三元复合肥 25 千克、尿素 10 千克；葱白进入生长旺盛期，是大葱产量形成的最快时期，葱株迅速长高，葱白加粗，需肥水量大，应追攻棵肥，氮磷钾并重，分 2～3 次追入，一般每亩施三元复合肥 50 千克、尿素 20 千克、硫酸钾 20 千克。

（4）培土管理　每次培土高度 5～6 厘米，将土培到叶鞘与叶片分界处，即只埋叶鞘，不埋叶片。一般培土 3～4 次。5 月上中旬当假茎长达 35 厘米、粗 1.8 厘米以上时即可收获。

五、日光温室大葱栽培

为了适应市场需要，使消费者在严寒的冬季能吃到翠绿、鲜嫩、爽口的小葱，辽宁省葫芦岛市郊区菜农利用日光温室在冬季生产小葱（大葱幼苗），获得了良好的效果。

1. 培育壮苗

（1）苗床准备　在靠近定植畦的生产畦上育苗，每亩施优质农家肥 5 000 千克。若前茬是果菜类品种，可适当减少施肥量，与床土混合均匀，整平畦面。

（2）播种期　辽宁地区 7 月 1～10 日露地播种，育苗播种过早，采收时小葱长得过大失去意义；播种过晚，产量低，影响经济效益。

（3）播种量　根据计划栽植温室的面积确定育苗面积。一般 5 米² 的葱苗可定植 10～15 米² 生产地。5 米² 的苗床需播种当年采收的大葱种 25～50 克。如果用陈葱种要加大播种量，因为陈葱种即使出苗其抗逆性也差，遇到旱、涝等不利条件易烂根。

（4）播种方法　可撒播或条播。撒播法：在平整的畦面上均匀撒上种子后盖一层过筛的细土，厚度 1 厘米，踩实，浇透水即可。条播法：在宽 1 米的畦上按行距 20 厘米开沟，沟深 2～3 厘米，开好沟后沿沟均匀撒上葱种，然后将种子盖严实，并用脚将播种沟踩实，浇透水即可。

（5）播种后管理　播种后待拱土时浇一遍水，以利出齐苗，以后根据自然降雨及土质情况浇水，见干见湿。在小葱高 6～7 厘米时开始拔草，此时草高 3 厘米左右，肥大易拔，8～10 天拔一次，拔 2～3 次即可。

2. 定植　8 月末 9 月初苗高 25 厘米左右、有 3～4 叶、茎粗 2～3 毫米时定植到日光温室内的畦上（此时日光温室未扣棚膜）。畦内不缺肥可直接定植，若缺肥可亩施腐熟有机肥 5 000 千克，与畦土翻耙混合均匀，耧平畦面。葱苗起出后按粗细分等级，分别栽植，以便管理。栽前去掉葱尖 6～8 厘米，以利于缓苗。定植方法是穴栽，每穴 2～3 株，栽植深度 3～4 厘米。

3. 田间管理　定植当天浇定植水，7～10 天后浇一次缓苗水，以后十多天浇一次水。为使葱苗均匀整齐，对小苗、弱苗可适当增加灌水次数，并追施少许氮肥。扣棚前先浇一次水，扣棚后不再浇水。根据天气情况在 11 月初至 11 月中旬扣上日光温室棚膜。此时葱叶经过霜冻已失绿变枯黄，在离地面 3 厘米高处用剪刀剪去枯叶，等待发出新葱叶。小葱生长适宜温度白天控制在 20～25℃，夜间 5～6℃，高于 25℃要放风，否则棚内温度过高，小葱易徒长倒伏。11 月底外界气温开始降低时，为保持棚内适宜温度，在棚膜上加盖纸被和草苫。

4. 病虫害防治 小葱生长期间主要是虫害，如地蛆、棉铃虫，病害较少（在秋雨大的年份有灰霉病）。为防止地蛆发生，播种前及葱苗出土后 10 天各喷一次 300～500 倍敌百虫，或在定植前用 500 倍敌百虫溶液浸蘸葱根。苗期还要防治棉铃虫危害，在孵化期至二龄期幼虫尚未蛀入葱叶内时喷药，可用 21%灭杀毙 600 倍液或 2.5%功夫乳油 5 000 倍液。秋季雨水大的年份易发生灰霉病，可用克霉灵 500 倍液或 50%万霉灵 800 倍液交替喷雾。扣棚膜、去枯叶后，用 800 倍万霉灵喷一遍，可有效防止灰霉病发生。

5. 采收 1 月初，小葱高 30 厘米左右、茎粗 1～1.5 厘米、3～4 片叶时即可采收上市，每 5 米^{2}可采收 20～25 千克。

六、高寒地区大葱地膜覆盖栽培

我国青海高海拔地区昼夜温差大，紫外线强，冬暖夏凉，属冷凉型气候，适合大葱生长。传统栽培大葱采用当地老品种，露地直播，产量较低，上市时间集中，经济效益较差。近几年，改进栽培模式，改露地栽培为温室育苗、地膜覆盖栽培，错开了大葱上市旺季，取得了较好的经济效益和社会效益。

1. 品种选择 选用高产优质的章丘大葱。该品种不易抽薹，独棵，不分蘖，叶色鲜绿，葱白长，上下粗细均匀，质地细致洁白、脆嫩、味甜，品质好，抗寒性强，耐热耐干旱，明显优于当地老品种。

2. 播种育苗 当地 2 月中旬播种育苗，播种前每亩温室施优质腐熟农家肥 4 500 千克，尿素 10 千克、磷酸二铵 10 千克作底肥，并用敌克松每平方米 5 克撒施床面，耕翻后整平，浇足底水。种子用 50～55℃热水浸烫 10 分钟，捞出后用 20～30℃温水浸泡 4 小时，并每隔一段时间搅动一次种子，然后捞出晾干，用湿纱布包起来放入瓦盆中，放到热炕上催芽，种子露白后均匀撒播于苗床，并覆盖 1 层干细土，厚度一般 1～2 厘米。上覆塑料薄膜，以利于提早出苗。

3. 苗期管理 幼苗出土前，白天保持 20～26℃，夜间不低于 13℃；齐苗后白天保持 18℃左右，夜间不低于 8℃；定植前一周加大通风量，延长放风时间，白天温度 10～12℃，夜间 0℃以上（炼苗）。出苗后及时撤掉塑料薄膜，以防烧芽。在整个育苗期只在齐苗后和真叶 2 片时浇 2 次水，叶面喷施 0.1%尿素＋0.2%磷酸二氢钾 2 次。出现灰霉病用速克灵、万霉灵、多菌灵等可湿性粉剂叶面喷防。低温高湿易发生猝倒病，可用敌克松撒施床面。苗龄 60～70 天，苗高 25～30 厘米，3～4 片叶，茎粗 0.6～1.0 厘米，叶色深绿，无病虫害为壮苗。

4. 定植 气温稳定 5℃时定植。当地适宜的定植时间为 4 月 20 日至 5 月上旬。选择 3 年未种过葱蒜类的地块，每亩施充分腐熟的农家肥 4 000 千克、过磷酸钙 40 千克、草木灰 100 千克，撒施地面，并用 50%辛硫磷 1 000 倍液喷洒，以防地蛆，耕翻后整平整细。待地皮发白后作畦，采用平畦栽培，畦宽 3 米，长 7 米。铺膜时要求地膜平展，四周用土压严、压实。

定植株行距均为 10 厘米。因地膜定植不能培土，所以要深栽，深度为 10～11 厘米，以不埋住生长点为宜。每穴 1 株，每亩栽 5.3 万株左右，亩用苗量 250 千克左右。定植后浇定植水，5～7 天缓苗后浇一次缓苗水，以后根据天气情况浇水，一般 15 天左右浇一次水。

5. 田间管理 缓苗后植株进入生长盛期，每亩追施尿素 10 千克，整个生长期追 2～3 次，叶面喷施施丰乐、磷酸二氢钾等高效肥料 2～3 次。

章丘大葱主要病虫害有紫斑病、霜霉病、地蛆。防治紫斑病、霜霉病用 58％甲霜灵 400 倍液或 50％多菌灵可湿性粉剂 500 倍液加 70％代森锰锌可湿性粉剂 600 倍液喷雾。7～10 天喷一次，连喷 2～3 次。防治地蛆用 50％辛硫磷乳油 1 000 倍液或 2.5％功夫乳油 5 000 倍液灌根。

6. 收获 6 月初，当地上部长到 60～80 厘米，葱白长 30 厘米左右、粗 2～3 厘米时上市，此期正值大葱市场销售淡季。

七、大葱夏季遮阳网覆盖栽培

大葱是耐寒性蔬菜，耐寒能力较强，耐热性较差。13～25℃叶片生长旺盛，10～20℃葱白生长旺盛，但温度超过 25℃则生长迟缓；光照过强，会引起叶片加速老化，商品性降低。

1. 品种选择 选择耐热性强、早熟、品质好、肉质紧密、叶色浓绿、高温季节假茎生长快、增产潜力大的品种。

2. 培育壮苗

（1）苗床准备 苗床选 3 年未种葱、韭、蒜的地块，苗床东西向，一般宽 1.2 米，便于管理。建床时，每平方米苗床施腐熟有机肥 2～3 千克、三元复合肥 100 克。

（2）适时播种 大葱越夏栽培，主要是供应 7、8 月份大葱市场，因此育苗应选在 1 月底至 2 月上中旬。种子要放入 65℃左右温水中烫种 20～30 分钟。播前造墒，每定植 1 亩需撒播葱种 100 克，盖土 2 厘米厚。

（3）苗床管理 育苗采用两膜一苫保温措施，播种后及时在大拱棚中架设小拱棚，覆盖草苫保温防寒。有条件的可用地热线增加地温。出苗后加强保温，白天尽量控制在 15～25℃，晚上不低于 6℃，视天气情况及时揭盖草苫。雨雪连阴天要晚揭早盖，尽量增加光照时间，注意防治猝倒病。

3. 定植 4 月下旬温度回升，可露天定植。结合深耕每亩施腐熟土杂肥 8 000 千克，耙平后开沟栽植。栽植沟南北向，使受光均匀，沟宽 1 米、深 25 米，沟底每亩施三元复合肥 20 千克，划锄入土，土肥混匀。起苗前 1～2 天苗床浇水，分三级选苗，剔除病残、弱苗及有薹苗，边起边栽。定植行距 1 米，株距 3 厘米，每亩栽苗 2.2 万～2.3 万株。

4. 田间管理 进入夏季后，温度升高，光照加强，加盖遮阳网。随着温度升高，大葱进入旺盛生长期，结合培土大水勤浇，中后期结合培土施肥，4～5 天浇一次水，降低地温。雨季及时排涝，不要积水。缓苗后追肥，结合浇水每亩施尿素 15～20 千克。葱白生长初期追攻叶肥，每亩施三元复合肥 25 千克、尿素 10 千克。葱白生长后期，应氮、磷、钾肥并施，每亩分 3 次追入三元复合肥 50 千克、尿素 20 千克、硫酸钾 20 千克。大葱生长期间培土 3～4 次，7～8 月当假茎长达 35 厘米、粗 1.8 厘米以上时即可收获。

八、葱黄设施栽培

葱黄是利用已长成的大葱植株定植在保护设施中，在完全避光条件下给予适当温度，使植株依靠自身贮存的营养，长成黄、白色的产品。葱黄生产只需要较低的温度环境，所需设施简单，能在寒冬缺少蔬菜时上市。葱黄的假茎雪白、细腻、脆嫩，叶片鲜黄、质嫩，口感略有辣味，稍有甜味，可生食、凉拌或做调料，色、香、味俱佳。

1. 设施准备 冬春季节，凡是能保持温度 10℃以上的避光环境，均可进行葱黄栽培。一般在室内、防空洞、地窖、塑料大、中、小棚或风障阳畦、改良阳畦内进行。

在室内或防空洞栽培葱黄时，可在地面铺沙或铺一层土壤，厚 10～20 厘米，定植种株。室内保温、遮光。

在塑料大、中、小棚中栽培时，可在平畦上定植。平畦上设小拱棚，小拱棚用黑色塑料薄膜遮光，也可用普通透光薄膜，上覆草苫遮光兼保温。也可用栽培坑生产，在棚内挖深 40～50 厘米、宽 1.2～1.5 米、长度不限的坑，坑内定植。坑上覆黑色塑料薄膜，或草苫遮光。

在风障阳畦或改良阳畦中栽培时，如平畦栽培，阳畦上的塑料薄膜应改用黑色不透光膜遮光。也可用栽培坑，方法同塑料大棚中栽培。

2. 种株培养

华北地区一般在 9 月下旬，山东地区多在 10 月初播种育苗。一般用平畦，播前灌水，水渗下后撒种，每亩用种量 1～2 千克。撒后覆土。出苗后至越冬前，适当少浇水，保持土壤见干见湿。土壤结冻前浇封冻水。畦面覆盖一层有机肥（1～2 厘米厚），防寒越冬，翌春早浇返青水，然后蹲苗 10～15 天。幼苗生长期保持土壤见干见湿，4 月下旬、5 月下旬各追一次肥。

3. 定植　定植期从 11 月至翌年 3 月可随时进行，定植后 20～30 天即可随时上市。行距 40～50 厘米，株距 3～4 厘米。也可用等穴距定植法，即每 20 厘米见方定植 1 穴，每穴 3～4 株。定植前 10～15 天停止浇水，锻炼幼苗，提高成活率。成行定植的可培一次土，穴栽的不需要培土。入冬后，植株基本长成，可随时收获用于葱黄栽培。种株可随定植随起苗，也可用收获后贮存于窖、室内的植株。由苗床地起苗时，应尽量减少机械损伤。将备用株去掉黄、干叶，一株一株紧排在栽培坑内，根部覆土 5～7 厘米，栽后浇水。定植完后，立即覆黑色塑料薄膜或草苫遮光，并提高设施内的温度。

4. 管理　定植后，保持室内温度 20℃ 左右，白天不高于 25℃，夜间不低于 10℃。经 4～6 天新根即发出。如土壤干旱，可浇一次水。整个生长期保持土壤湿润。由于生育期外界气温低，植株密集，通风少，不浇水亦能保持湿度。生育期空气湿度太大易诱发病害，可于傍晚通风散湿。通风时，也要保持遮光条件。

5. 收获　黄叶发出即可收获上市。但收获越晚，植株越大，产量越高。

九、青葱栽培

1. 春葱　早春直播不育苗，6～7月份收获小葱上市，栽培管理基本上同冬葱育苗，因而也可作为冬葱栽培的移栽苗。

（1）整地施基肥　早春播种，整地应在上年冬土壤封冻前进行。结合翻地施入基肥，并整地作畦，冬前浇冻水。

（2）播种　早春地表解冻5厘米左右时顶凌播种。播前浸种催芽，趁土壤墒情合适时播种，按4～5厘米行距开1.5～2厘米浅沟，沟内撒播种子，然后覆土耧平。

（3）田间管理　出苗期间主要做好保墒，如果土壤墒情稍差可镇压提墒。出苗后，苗过密的地方应间苗。春季土壤温度低，播种后不宜多浇水。随着气温回升和生长加快，适当进行灌水和追肥。生长期间一般追肥2次，每次每亩施尿素10～15千克，灌水2～3次。随时注意拔除杂草。

（4）收获　6月中旬到7月中旬可以陆续收获，以小葱上市。

2. 伏葱　夏季伏天播种、越冬后春季以小葱供应市场。

（1）整地施基肥　选择非葱蒜类作物茬口、排水良好的地块，在前茬作物收获后及时施肥整地。一般每亩施农家肥5 000千克，施肥后耕翻耙细，然后耧平作畦。畦宽依地形和灌溉条件而定，一般宽3米左右，长6～10米。

（2）播种　小暑至立秋之间播种。播种时，先从畦内取出覆盖土，然后干籽撒播，播种量每亩3～4千克，播后覆土3厘米，稍加镇压后耧平，然后浇水。简便的播种方法是播种畦整好后，先在畦内均匀撒播种子，然后浅锄盖籽、耧平浇水。

（3）田间管理　伏葱播种正值高温季节，应注意保持畦面湿润，防止板结。一般播后5～7天出苗。出苗后至越冬前，保持苗距 2~3 厘米,结合间苗拔除田间杂草;一般追肥 1~2 次,每次每亩施尿素 10 千克,灌水 2~3 次;到越冬前,要求葱苗长至高 15~20 厘米、假茎基部直径 0.5 厘米。土壤封冻前浇一次封冻水。越冬后,日平均温度达到 7℃ 以上时,葱苗返青生长,如果天气干旱,可浇返青水,并结合灌水追施一次化肥,每亩施尿素 10~15 千克。为了提早上市,返青时可采用小拱棚覆盖。一般可提早上市 5~7 天。

(4)收获 伏葱在越冬时一般已达到通过春化要求的苗体大小,具备通过春化的能力,加之露地越冬具备低温条件,越冬期间可以通过春化作用,越冬后随着气温回升和日照变长,不可避免要发生先期抽薹,葱薹抽生后又很易老化,使食用品质劣变,因此应在 4 月份花薹刚抽生尚幼嫩时收获。收获期 15 天,产量一般达每亩 1 300~2 000 千克。

3. 二秋葱 在北纬 40°~43° 地区,立秋至白露播种,经秋季生长和越冬后,继伏葱后上市的一茬青葱,一般比伏葱晚上市 15 天左右。其栽培管理技术与伏葱基本相同。

4. 白露葱 北纬 40°~43° 地区,冬葱栽培育苗的播种适宜时期为白露前后,因此白露前后播葱已形成制度,当地把这茬葱苗称为白露葱。白露葱除了作为冬葱移栽的秧苗外,还可作为青葱食用,陆续采收上市。作为青葱食用的白露葱,栽培技术与冬葱育苗技术基本相同。

(1)整地施基肥 选择非葱蒜类作物茬口地块,前茬作物收获后及时施肥整地,耕翻耙细,然后搂平作畦。

(2)播种 白露前后日平均气温下降到 15~18℃ 时播种,可撒播或开深 3~4 厘米的小沟条播,沟距 10 厘米,播后覆土 2~3 厘米。

(3)冬前管理 主要做好间苗、除草、追肥和灌水工作。间苗保持苗距 2~3 厘米,结合间苗拔除田间杂草。生长期间追肥 1~2 次,每亩施尿素 10 千克,灌水 2~3 次。到越冬前,要求葱苗长至高 7～10 厘米、假茎基部直径 0.3～0.5 厘米，有须根 5～7 条。土壤封冻前浇一次封冻水，也可每亩顺水冲施碳酸氢铵 20～30 千克。

（4）返青后管理 返青后如果天气干旱，可浇返青水，如冬前追肥次数少，可结合灌水追施化肥一次，每亩施尿素 10～15 千克。返青后，气温回升，葱苗生长加快，应逐渐增加灌水次数和灌水量，并结合灌水追肥 1～2 次，每次每亩施尿素 10～15 千克。生长期间随时拔除杂草。

（5）收获 白露葱一般不发生先期抽薹现象，进入 5 月份后视市场情况和植株长势，随时采收青葱，陆续供应市场。主要供应期为 6～7 月份。

5. 倒地葱 按冬葱栽培的播种时期播种育苗，比冬葱适当提早定植，7～9 月份供应市场一茬青葱。由于这茬葱收后倒出地来可种其他蔬菜，因而叫倒地葱（辽宁叫倒瞪葱，河南因采用撮栽，称之为撮葱）。

（1）播种育苗 按冬葱播种育苗方法进行。幼苗后期可适当加强肥水管理，培育大苗。

（2）整地施基肥 选择非葱蒜类作物茬口地块，前茬作物收获后及时清园，每亩施入农家肥 5 000 千克、过磷酸钙 20～30 千克，深翻 25 厘米左右，耙细、耧平。倒地葱有两种栽培方式：一种是垄栽，选越冬菠菜等速生蔬菜茬口，整地后按 30 厘米行距做垄，在垄沟栽葱；另一种是平畦栽培，整地后耧平作平畦。

（3）定植 根据前茬腾地时间和整地情况，从立夏至芒种即 5 月上旬至 6 月上旬均可定植。定植时对秧苗按大、中、小分为三级，不同规格苗分畦栽植，以便管理。垄栽的，在垄沟内可集中施入农家肥，按 3～5 厘米株距栽植，然后灌水、覆土。平畦栽培的，可按 10 厘米×10 厘米株行距单株栽植，也可按行距 30 厘米、穴距 20～23 厘米，每穴 10 株左右栽植，栽后灌水。栽苗深度以 7～8 厘米为宜，过浅易倒伏，过深植株生长不旺。

（4）定植后管理　定植缓苗后，待地皮发白时浇缓苗水，以后趁墒中耕松土，并适当蹲苗，以促进根系恢复和生长。随着气温和地温逐渐升高，注意勤浇水，保持土壤经常湿润，以调节环境温度，满足植株生长需要。进入高温雨季还要注意排涝，防止土壤积水。定植后，可追肥 2 次。第一次在蹲苗结束后，结合灌水每亩追施粪肥 1 500 千克或尿素 10 千克；第二次在第一次追肥后 1 个月进行，每亩随水追施尿素 10～15 千克。生长期间随时拔除杂草。垄栽的，可结合中耕适当培土。

（5）收获　倒地葱 7～9 月份根据市场情况和植株生长状况陆续收获青葱上市，不急于腾地的，可每次间拔大株收获。一般产量每亩 3 500～4 000 千克。

6. 囤葱　囤葱是利用收获的大葱成株或半成株中贮存的营养为生长物质基础，囤栽后在温度和水分适宜的条件下，生长成鲜嫩青葱。以这种方法生产的青葱，一般在干葱长出 2 片左右新叶后收获，故叫发芽葱，又因刚发出的新叶形似羊角，所以又叫羊角葱。

（1）栽培方式　可以在露地进行，也可以在温室、阳畦、地窖等设施内栽培。一般是春夏季育苗，秋季生长囤栽植株。在露地栽培，秋冬收获成株或半成株大葱，早春密植囤栽，或囤栽植株生长至秋冬季节不收获，就地越冬，春季萌发生产羊角葱。设施栽培，一般于冬春季节在设施内囤栽已培养好的植株，生长羊角葱。

（2）品种选择　囤葱栽培应选假茎较短粗的品种，如寿光鸡腿葱、海洋葱、天津鸡腿葱等。长葱白品种生产羊角葱，投入产出比低，成本高，一般不采用。

（3）管理要点　首先是囤栽植株培养。一般越是小的干葱植株，囤栽后增重越明显，增重大的可达到囤栽植株原重的 1.5 倍；囤栽植株过大，则增重不明显。囤栽植株过小，积累的营养越少，长出的发芽葱越小，商品性差。囤栽植株培养技术基本同冬葱栽培。春季适当晚播育苗，采用小垄密植栽植幼苗培养植株，一般行距30厘米，株距5～6厘米，每亩栽3.5万～4万株苗。由于选用短葱白品种，行距小，生长期间培土也较少。冬前其他管理基本同冬葱。冬季不收获直接越冬生长羊角葱的，春季地表刚化冻就开始萌发，可视土壤墒情浇返青水，新叶生长期间控制浇水，花薹老化前及时收获上市。

囤葱栽培一般都是冬前按冬葱收获的方法收获并贮存囤栽植株，根据市场和栽培条件随时将其成捆囤栽。囤栽时，先挖畦沟，整平沟底，在畦沟底施入少量农家肥，翻松耙平，然后取出囤栽干葱，摘除黄干叶片，密集囤栽在畦沟内，四周用细土或细沙壅紧，栽后浇透水。几天后基部发出新根，新叶开始生长时浇水1次。以后的浇水量大小和次数根据天气情况和植株长势而定。晴天，光照充足，温度较高，土壤蒸发量大时，浇水量可稍大；阴雪天，温度低时，不宜浇水。水分过大会引起烂根。囤栽青葱一般不需施肥，完全靠假茎贮存的养分长出新叶，增加的产量部分，主要是植株吸收的水分。设施囤葱，新叶生长期间应控制温度，白天15～20℃，夜间8～10℃。温度过高时，虽然生长快，但产量较低。

（4）采收　囤葱的收获期应根据植株长势和市场需要而定。从植株发出2～3片绿叶到见到花薹，可随时收获。收获时从一端开始，拔出植株，抖掉沙土，摘净老叶、烂叶，用清水洗干净，整理顺直，0.5～1千克捆成一把，即可出售。囤葱产品绿白分明，色彩清新，十分诱人，应轻拿轻放，不要损伤管状绿叶。囤葱增产虽然不很多，但售价却比干葱高，而且囤栽青葱是选用商品价值低的小干葱，所以经济效益仍然不错。

第四节　大葱病虫害及其防治

大葱常见的病害主要有紫斑病、锈病、菌核病、黄矮病、霜霉病、灰霉病、软腐病、黑斑病等。常见的虫害主要有葱蛆、葱蓟马、斑潜叶蝇、斜纹夜蛾、甜菜夜蛾等。

一、主要病害及其防治

1. 大葱霜霉病

（1）危害症状　主要危害葱叶和花梗。被害叶片病斑卵圆形或长椭圆形，淡黄色，稍凹陷，边缘不明显。潮湿时叶片与茎表面遍生白色绒霜，干燥时仅在叶片出现白色斑点。侵害叶片中部或下部时，病部上方叶片下垂、干枯，植株连续长出新叶，嫩叶抽展后再次发病。当大葱假茎受害引起系统侵染时，病株矮化，叶片扭曲畸形，白绿色，上部生长不均衡，向被害一侧弯曲。在接近种子成熟时，假茎被害处常破裂，种子皱瘪。

（2）病原和传播途径　病原菌为鞭毛菌亚门假霜霉属真菌葱霜霉菌。病菌主要以卵孢子随同病残体遗留在土壤中越冬，或以菌丝潜伏在茎盘及叶鞘中越冬。翌年春天卵孢子借助雨水反溅在叶片上，从气孔侵入，引起发病。主要借气流传播，并可由雨水和昆虫传播，引起再侵染。病菌侵染花器，可使种子带菌；或孢子囊随雨水落于土中侵害茎盘及假茎基部，使之带菌，均可成为下季的侵染来源。一般夜晚湿凉、白天温暖、浓雾重露、土壤黏湿时最有利于病害流行。

（3）防治方法　选用抗病品种。一般来讲，假茎紫红、叶管细、蜡粉厚的品种抗病性强。实行与非百合科蔬菜轮作 2～3 年；选择地势较高、排水良好地块种植；多施腐熟粪肥，增施磷钾肥；高畦或半高畦栽培，合理密植；选晴天浇水，防止大水漫灌，雨后及时排水；及时放风降湿；及时清除病叶、重病株、病残体。播前种子消毒，按种子重量 0.3％的 58％甲霜灵·锰锌可湿性粉剂拌种，或用 50℃温水浸种 25 分钟。设施栽培可用 45％百菌清烟剂或 15％霜脲·锰锌烟剂每亩 250 克，傍晚分放 4～5 点，用火点燃，冒烟后密闭烟熏，7 天 1 次，连熏 4～5 次。也可用 5％百菌清粉尘或 7％敌菌灵粉尘，每亩喷 1 千克。

发病初期可选用 58％甲霜灵·锰锌可湿性粉剂 500 倍液或 70％代森锰锌可湿性粉剂 500～700 倍液、常用波尔多液 1:1: 240、50％敌菌灵可湿性粉剂 500 倍液、20％乙膦铝·锰锌可湿性粉剂 400 倍液、75％百菌清可湿性粉剂 600 倍液、50％甲霜·铜可湿性粉剂 800～1 000 倍液、2.2％霜霉威水剂 600～800 倍液、78％波尔·锰锌可湿性粉剂 500～600 倍液，从 5～6 叶期或发病初期开始喷药。选晴天轮换喷雾，每 10 千克药液中加中性洗衣粉 5～10 克作展作剂效果更佳。隔 7 天喷 1 次，连喷 3～4 次。

2. 大葱紫斑病

（1）危害症状　大葱紫斑病主要危害叶片和花梗。贮存和运输期间也可以侵染假茎。病斑从叶尖或花梗中部开始发生，几天后蔓延至下部。初期病斑凹陷，大小和颜色因寄主不同而异，常见的有黑、紫褐、黄褐色等，湿度大时病部长满褐色至黑色粉霉状物，排列呈同心轮纹状。病斑常数个愈合成长条形大斑，致使叶片和花梗枯死。如果病斑绕叶或花梗 1 周，则叶片或花梗多从病部软化折倒。

（2）病原和传播途径　病原为半知菌亚门葱格孢属真菌香葱链格孢。病菌以菌丝体或分生孢子潜伏在寄主内或病残体上越冬，越冬后的菌丝体翌年产生分生孢子，借雨水和气流传播。分生孢子萌发生出芽管，由气孔或伤口侵入，也可直接穿透寄主表皮侵入。分生孢子萌发适宜温度 24～27℃，病菌生育适温 6～34℃。病菌侵入葱叶后 1～4 天即表现症状，5 天后在病斑上出现分生孢子。温暖、多湿条件发病快，尤以 7～8 月份高温多雨时发病严重。

（3）防治方法　与非葱类作物实行 2 年轮作；选择地势平坦的肥沃土壤栽植；进行种子消毒，可用福尔马林 300 倍液浸种 3 小时，浸后充分水洗，避免药害；种株消毒可用 40～45℃温水浸泡 90 分钟。经常检查病情，及时拔除病株，摘除病叶和病花梗，并深埋或烧毁。收获后彻底清除田间病残体，及时深耕。冬贮大葱收获后经晾晒再贮存。贮存窖温需保持 0℃以下，同时注意加强通风换气。

药剂防治同大葱霜霉病。

3. 大葱黑斑病

（1）危害症状　主要危害叶片和花茎。发生初期产生褪绿小色斑，后扩大为淡绿色椭圆形斑，并迅速扩展成黑褐色，边缘具黄白色晕圈，中央为同心轮纹纺锤形病斑。在高湿条件下，黑褐色病斑上出现黑色霉层。发生严重时，病斑相互连接成椭圆形大斑。花茎染病，病斑围绕花茎，呈纺锤形、黑褐色，并具有同心轮纹。持续多雨、湿度大的环境下病斑发展迅速。

（2）病原和传播途径　由半知菌亚门匍柄霉菌侵染所致。病菌以菌丝体或分生孢子随病残体遗留在田间越冬。环境条件适宜时，分生孢子借助雨水反溅和气流传播，从寄主表皮直接侵入，引起初次侵染。病部产生的分生孢子借助风雨传播进行再侵染。病菌喜高温、高湿环境，发病适温 24～27℃，相对湿度 90%。主要发病盛期一般 5～6 月和 9～10 月，此时大葱处在生长中后期。种植过密、管理粗放、植株长势弱、通风透光差、氮肥施用过多及连作的田块发病重。年度间以春雨多、梅雨期长以及秋季多雨、重露天气多的年份发病重。

（3）防治方法　与非葱类蔬菜隔年轮作，定植后在发病早期及时摘除老叶、病叶，或拔除病株，及时清除病残体，并带出田外集中销毁。使用腐熟有机肥，配方施肥，增施磷、钾肥，避免偏施氮肥。加强田间管理，合理密植，开沟排水，防止雨后积水。

发病初期用 68%精甲霜灵·锰锌水分散粒剂 600～800 倍液或 50%异菌脲可湿性粉剂 1 000 倍液、64%噁霜灵可湿性粉剂 500 倍液、14%络氨铜水剂 300 倍液、58%甲霜灵·锰锌可湿性粉剂 600 倍液、70％代森锰锌可湿性粉剂 600 倍液、75％百菌清可湿性粉剂 600 倍液等喷雾。7～10 天 1 次，连续防治 2～3 次。

4. 大葱灰霉病

（1）危害症状　大葱叶片发生灰霉病主要有 3 种症状，即白点型、干尖型和湿腐型。白点型最常见，叶片上出现白色或浅灰褐色小斑点，扩大后成为梭形至长椭圆形，病斑长度可达 1～5 毫米，潮湿时病斑上生有灰褐色绒毛状霉层。后期病斑相互连接，致使大半个叶片甚至全叶腐烂，烂叶表面密生灰霉，有时还生出黑色颗粒状物，为病原菌的菌核。

（2）病原和传播途径　病原为大蒜盲种葡萄孢，属半知菌亚门真菌。病菌以菌丝体或菌核在田间残留体于土壤中越冬或越夏成为侵染源，随气流、雨水、灌溉水传播蔓延。较低温和高湿是发生和流行的条件。大葱一般秋苗期即可被侵染，冬季发展缓慢，春季条件适宜时再蔓延，并达到发病高峰。4～5 月雨天多少和阴天时间长短是判断是否大面积流行的关键因素。

（3）防治方法　选用抗病品种；病地应实行轮作，收获后要彻底清除病残体，携出销毁，多雨地区可推行垄栽和高畦栽培；合理密植，使葱田通风透光，防止高湿低温条件出现。雨季及时排水，防止田间积水。

发病初期开始喷洒 50％腐霉利可湿性粉剂 2 000 倍液或 45％噻菌灵悬浮剂 3 000 倍液、50％异菌脲可湿性粉剂 1 500 倍液、60％多菌灵盐酸盐超微粉 600 倍液、40％多·硫悬浮剂 600 倍液、50％混杀硫悬浮剂（或 36％甲基硫菌灵悬浮剂）500 倍液喷施，隔 7～10 天 1 次，共 3～4 次。要注意轮换或交替并混合施用，采收前 3 天停止用药。

5. 大葱立枯病

（1）危害症状　多发生在发芽后半个月之内。1～2 叶期幼苗近地面部位软化、凹陷缢缩，白色至浅黄色，病株枯黄死亡。

严重时幼苗成片倒伏而死亡。湿度大时，病部及附近地面长出稀疏褐色蛛丝状菌丝。

（2）病原和传播途径　病原为立枯丝核菌，属半知菌类真菌。以菌丝体传播和繁殖。菌丝体或菌核在土中越冬，可在土中腐生2～3年。菌丝通过水流、农具直接侵入寄主。病菌发育适宜温度24℃，在13～42℃之间均可发生。播种过密、间苗不及时、温度过高容易发病。

（3）防治方法　稀播壮苗，及时间苗，尽量避免高温高湿环境条件。可用3.5%咯菌腈·甲霜灵悬浮种衣剂拌种；也可用30%多福可湿性粉剂进行药土处理，或40%拌种双粉剂苗床施药。发病初期，可选用20%甲基立枯磷乳油1 200倍液或95%噁霉灵原药3 000倍液、72%霜霉威水剂800倍液＋50%福美双可湿性粉剂800倍液、30%苯噻硫氰乳油1 200倍液等，每平方米约3毫升，每隔7～10天1次，连续2～3次。

6. 大葱软腐病

（1）危害症状　鳞茎膨大期发病，第一至第二片外叶下部产生半透明灰白色斑，叶鞘基部软化，易倒伏，病斑向下发展。鳞茎颈部出现水渍状凹陷，后内部腐烂，有汁液溢出，并有恶臭味；贮存期发病，多在颈部发病，鳞茎水浸状崩溃，流出白色有臭味汁液。

（2）病原和传播途径　病原为胡萝卜软腐欧氏杆菌胡萝卜软腐致病型，属细菌。在鳞茎内越冬，也能在病残体及土壤中腐生。借肥料、雨水、灌溉水、昆虫等传播蔓延，通过伤口侵入。生长适温4～39℃，最适25～30℃。湿度大，发病重。重茬地、低洼地或施未腐熟粪肥、伤口多、浇水过勤、大水漫灌、湿度大等，发病严重。

（3）防治方法　与非感病作物实行2～3年轮作；施充分腐熟的粪肥，防止氮肥过量，增施磷钾肥；适时提早定植，轻浇水，防止大水漫灌，勤中耕；及时拔除病叶、病株；选晴天收获，收获后充分晾晒，于通风良好处贮存。及时防治蓟马、葱蝇等害虫。

发病初期用72％硫酸链霉素4 000倍液或新植霉素5 000倍液、50％琥胶肥酸铜可湿性粉剂500～600倍液、20％噻菌铜可湿性粉剂500倍液、12％绿乳铜乳油500倍液、14％络氨铜水剂300倍液、77％氢氧化铜可湿性粉剂500～600倍液、40％增效甲霜灵可湿性粉剂500倍液、60％琥·乙膦铝可湿性粉剂500倍液等喷雾，隔7天喷1次，连喷3～4次。喷药时注重对植株基部喷施。

7. 葱锈病

（1）危害症状　主要危害叶片、花梗和绿色茎部，春、秋两季发病较重。发病初期病部表皮淡黄绿色小斑点，以后演变成椭圆形或梭形稍隆起的橙黄色病斑，以后表皮开裂向外翻，并散出橙黄色粉末，即病菌夏孢子堆和夏孢子。秋后病斑变为黑褐色，纵裂后散出黑褐色粉末，即冬孢子堆和冬孢子。严重发病时葱叶上布满病斑，叶柄干枯。

（2）病原和传播途径　病原菌为担子菌亚门柄锈菌，属真菌葱柄锈菌。病原菌主要以冬孢子在植株残体上越冬，翌年春季依靠风力传播扩散，夏孢子是再侵染的主要来源。病菌从寄生表皮或气孔侵入，萌发适温9～18℃，24℃以上萌发率明显下降，病菌侵染后潜育期约10天。一般当肥料不足、植株长势不良或春秋多雨、气温较低的年份发病较重。

（3）防治方法　与非葱蒜类蔬菜轮作，增施腐熟农家肥，适量补充速效磷钾肥，增强植株长势和抗病力。发病初期喷施50％萎锈灵1 000倍液或15％粉锈宁可湿性粉剂2 000倍液、70％代森锌可湿性粉剂500倍液、80％代森锌可湿性粉剂600倍液、70％代森锰锌可湿性粉剂1 000倍液加15％粉锈宁可湿性粉剂2 000倍液，每隔10天左右喷施1次，各种药剂轮流喷施，连续防治2～3次。

8. 葱小菌核病

（1）危害症状　发病初期，叶尖、花梗顶端先开始变色，以后逐渐向下发展，导致植株局部或全部枯死，仅剩新叶。病部可见白色絮状菌丝缠绕及由菌丝结成的菜籽状菌核。菌核初期呈乳白色或黄白色，老熟后变成茶褐色或黑色，致密坚实，表面光滑，易脱落。菌核多分布在近地表处，呈不规则形，有时整个合并在一起。

（2）病原和传播途径　由子囊菌亚门大蒜核盘菌侵染引起。病菌主要以菌核随病残体遗落在土中越冬。翌年环境条件适宜时，菌核萌发，产生子囊孢子。子囊孢子借助气流传播、蔓延，或健株与病部菌丝直接接触后受侵染、发病。在南方温暖地区，病菌有性阶段不产生或少见，主要以菌丝体和小菌核越冬。翌年，小菌核萌发伸出菌丝，或病部菌丝通过接触侵染、扩展。病菌喜低温、高湿环境，发病适温 15～20℃，相对湿度 85％以上。长江中下游地区露地栽培发病盛期为 3～5 月。

（3）防治方法　选用抗病品种，根据各地市场特点、消费习惯引种抗病新品种；发病地与非葱蒜类蔬菜轮作 2～3 年；加强清沟排水、防止田间积水；合理密植、防止种植过密；合理施肥、避免偏施过施氮肥；及时清除病叶、集中深埋或销毁。发病初期开始喷药保护，可选用 50％扑海因可湿性粉剂 1 000 倍液喷雾，每隔 7～10 天 1 次，连用 2～3 次，具体视病情发展而定。

二、主要虫害及其防治

1. 葱蓟马

（1）为害症状　葱蓟马，又叫烟蓟马、棉蓟马、小白虫、白沙闹等，主要为害大葱、大蒜、洋葱、韭菜、棉花、烟草等作物，还可为害瓜类和茄果类蔬菜。主要为害寄主植物的心叶和嫩芽，成虫和幼虫均以锉吸式口器吸食叶片内汁液，使葱叶形成许多长形的黄白色或灰白色斑点，严重时被害叶片枯黄变白，扭曲、皱缩、枯死、下垂,影响叶片光合作用,可造成作物大面积减产。同时,葱蓟马还是多种植物病毒的传播媒介。

(2)形态特征　成虫较小,长约 1.3 毫米,宽约 0.3 毫米,翅展 1.8 毫米。体色从淡黄色到深褐色。翅细长,透明,浅褐色,翅脉黄色,翅的周缘密生细长毛,形状像梳子。卵极小,椭圆形,一侧向内弯曲,乳白色。若虫如针尖大小,肉眼不易发现,全体呈淡黄色,形状似成虫,无翅或仅有翅。蛹深褐色,形似若虫,生有翅芽。

(3)发生规律　一年可发生 10 代,世代重叠,以成虫、若虫在土壤中、叶鞘处越冬。一般发生在温度较高而少雨的季节。成虫能飞能跳,又能借风力传送,所以扩散相当迅速。成虫怕光,白天躲在叶背或叶脉部为害,早、晚和阴天转移到叶面取食。成虫在叶和叶鞘组织中产卵,卵散生。喜温暖和较干旱环境,发生危害最适温度 23~26℃,相对湿度 40%~70%。一般每年以 4~5 月危害最重,10~11 月危害相对较轻。雨水较少、田间相对湿度较低年份发生重。

(4)防治方法　与非葱蒜类蔬菜实行 3~4 年轮作。及时清除田间杂草及枯枝落叶,并带出田间集中销毁。温暖干旱季节勤灌水,抑制葱蓟马繁殖和活动。

发现虫情及时用 40%乐果乳油与 80%敌敌畏乳油 1 500 倍混合液或 5%啶虫脒乳油 2 000 倍液、2.5%多杀霉素悬浮剂 1 000~1 500 倍液、50%辛硫磷乳油 1 000~1 500 倍液、10%吡虫啉乳油 1 000~1 500 倍液、0.3%苦参碱水剂 1 000 倍液、22%毒死蜱·吡虫啉乳油 2 500 倍液、2.5%高效氟氯氰菊酯乳油 2 000 倍液、10%氯氰菊酯乳油 2 000 倍液、20%复方浏阳霉素乳油 1 000 倍液等喷雾防治,消灭蓟马成虫和若虫。以上药剂要交替使用。

2. 葱斑潜蝇

(1)为害症状　葱斑潜蝇,又名葱斑潜叶蝇、葱潜叶蝇、韭菜潜叶蝇、夹叶虫、串皮干、叶蛆，属双翅目潜蝇科，主要为害大葱、大蒜、洋葱、韭菜和豌豆等蔬菜。葱斑潜蝇幼虫终生在叶表皮内曲折穿行潜食叶肉，在叶面可见迂回曲折蛇形隧道，粪便也排在其中，虫道宽度与虫龄成正比。叶肉被食后只留上下两层白色透明叶表皮，严重时一株叶片内可有十几条幼虫潜害，使叶片枯萎，影响受害作物光合作用，造成减产。

（2）形态特征　成虫体长 2～3 毫米，体宽 1～1.5 毫米。头部黄色，头顶两侧有黑纹；复眼红褐色，椭圆形，周缘黄色；触角黄色，具芒状；胸部黑色，有绿晕；小盾片黑色，腹部黑色，各关节处淡黄色或白色；前翅透明，但有紫色光泽；后翅退化为平衡棒。卵长椭圆形，长约 0.3 毫米，乳白色，常产在叶片的叶肉内。幼虫体长约 4 毫米，宽 0.5 毫米，淡黄色，蛆形。尾端背面有后气门突 1 对；体壁半透明、绿色，可隐约透见内脏。蛹长2.8 毫米，宽 0.8 毫米，褐色，纺锤形，后端略粗。

（3）发生规律　在北方地区一年发生 3～5 代，长江中下游地区 5～6 代。第一代幼虫为害育苗小葱，第三至四代为害大葱。常以蛹在土壤中越冬，翌年 3 月中旬至 4 月上中旬羽化，5 月上旬为成虫发生盛期，6 月份为害日益明显。成虫活泼，晴朗的白天常飞翔于葱、株间或其他作物植株间，阴天、夜间则栖息于叶尖附近。幼虫可潜食嫩荚和花梗，大发生季节可造成毁灭性危害。卵散产，每头雌虫产卵数十粒，多产于叶片表皮内。10 月下旬至 11 月上旬前后在潜道一端化蛹，并在化蛹处穿破表皮落地羽化。春末夏初危害最重，天气炎热时数量减少，危害减轻。

（4）防治方法　收获后及时清除残枝落叶，并带出田间集中烧毁。不与春、秋季节有蜜源的作物间套种或邻作，控制成虫补充营养，降低其繁殖力。科学施肥，推广使用大葱专用肥，培育壮苗，降低成虫落卵量，减轻其发生危害。

成虫盛发期，选用 48%毒死蜱乳油 1 000 倍液或 2.5%氯氟氰菊酯乳油 2 000～3 000 倍液、80%敌敌畏乳油 2 000 倍液、

50％敌百虫可湿性粉剂 1 000 倍液等喷雾。幼虫为害期，始见幼虫潜蛀时，可选用 50％灭蝇胺可湿性粉剂 2 000～3 000 倍液或1.8％阿维菌素乳油 800～1 000 倍液、48％毒死蜱乳油 1 000 倍液、10％烟碱乳油 1 000 倍液、10％氯氰菊酯乳油 2 000 倍液、3.3％阿维·联苯菊酯乳油 1 000～1 500 倍液、5.7％氟氯氰菊酯乳油 1 500 倍液等喷雾防治，视虫情 7～8 天 1 次，连防 2～3次。以上药剂交替使用。

3. 葱地种蝇

（1）为害症状　葱地种蝇，又叫葱蛆、蒜蛆、地蛆、粪蛆、根蛆、葱蝇等。属双翅目花蝇科，为寡食性害虫，主要为害大葱、大蒜、韭菜和洋葱等蔬菜。幼虫蛀入鳞茎内取食，一个鳞茎内有时多达几十头，受害大葱的茎盘和叶鞘基部被蛀食成孔洞和斑痕，引起腐烂，散发臭味。受害植株上部叶片表现枯黄、萎蔫以致死亡。轻者，植株生长衰弱，植株矮小，假茎细，叶片小而少，生长点不能分化花芽，受害田间常出现缺苗断垄现象，严重的受害面积可达 70％～80％，严重影响大葱产量和质量。

（2）形态特征　成虫灰色，体长 4～6 毫米，暗褐色，头部银灰色，胸背上有 3 条褐色纵纹，全身有黑色刚毛，翅透明，翅脉黄褐色。似粪蛆，乳白色带淡黄色，体长 7～9 毫米，头退化，仅有 1 黑色口钩，整个体形前端细、后端粗，尾部有 7 对肉质突起，均不分叉。卵长椭圆形，稍弯曲，乳白色，表面有网纹。蛹长 4～5 毫米，椭圆形，黄褐色或红褐色，尾端有 6 对突起。

（3）发生规律　南方地区一般一年发生 4～6 代，北方地区发生 3～4 代。以蛹在土中或粪堆中越冬，成虫和幼虫也可以越冬。4 月间成虫开始活动并产卵，5 月中下旬为幼虫盛发期。第二代幼虫一般在 7 月份发生，第三代幼虫在 10 月份发生。成虫早晚躲在土缝中，天气晴暖时很活跃，田间成虫大增。葱蝇卵期3～5 天，卵孵化为幼虫后便开始为害。幼虫一般钻入播下的大蒜、葱等鳞茎中取食，一个鳞茎常有幼虫数十头。幼虫期 20 天，老熟幼虫在土壤中化蛹。一般沙土较黏土地受害严重,地势低洼排水不良地块较干燥而通风良好地块受害重,重茬栽培地块受害较重。

(4) 防治方法 施用有机肥料必须充分腐熟、均匀深施,以免成虫产卵繁殖。在堆制有机肥时,用90%敌百虫粉剂150克,对水50千克,稀释后喷洒,充分混匀,杀灭种蝇。采用大水漫灌,控制幼虫危害。在发生种蝇较多的地方,用糖∶醋∶酒∶水=3∶3∶1∶10的糖醋液诱杀成虫,或者使用频振式杀虫灯诱杀。

成虫产卵时,可选用2.5%溴氰菊酯乳油3 000倍液或50%乐果乳油1 000倍液等喷雾,每5～7天喷洒1次,连续2～3次。幼虫发生初期,可用2.5%敌百虫粉剂撒在植株基部及周围土壤中,也可将90%敌百虫粉剂1 000倍液或48%毒死蜱乳油500倍液、40%乐果乳油1 000倍液、除虫菊酯乳油400倍液等灌根,消灭初期幼虫。也可在根部已发生幼虫时,结合浇水冲施农药,如亩用50%辛硫磷乳油1千克或48%毒死蜱乳油0.5千克。

4. 葱须鳞蛾

(1) 为害症状 幼虫蛀食葱叶,将叶片咬成纵沟,蛀食后叶片发黄、坏死,降低产量和质量。

(2) 形态特征 成虫体长4～5毫米,翅展11～12毫米,全体黑褐色,下唇须前伸并向上弯曲,第二节向末端逐渐膨大。触角丝状,长度超过体长1/2。前翅黄褐色至黑褐色,后缘自翅基1/3处有1个三角形白斑;翅中部近外缘处有1深色近三角形区域,翅中部有1条深色纵纹,后翅深灰色。卵长圆形,初产后为乳白色发亮,后变为浅褐色。老熟幼虫体长8毫米左右,头部浅褐色,虫体黄绿色,各节有稀疏毛分布。蛹为纺锤形,长6毫米左右,老熟时变为深褐色,外包白色丝状网茧。

(3) 发生规律 主要分布在华北地区,成虫羽化后需补充营养。卵散产于叶片上，幼虫孵化后向叶片基部转移，有时残留在表皮。幼虫在叶基部向茎部蛀食，但不侵入根部，常把绿色虫粪留在叶基部位，用肉眼很容易发现。幼虫老熟后爬至叶片中部吐丝做薄茧化蛹。25℃时成虫羽化后经过 3～5 天产卵，卵期5～7天，幼虫期 7～11 天，蛹期 8～10 天，成虫期 10～20 天。盛夏发生最盛。

（4）防治方法　一般可用 21％灭杀毙乳油 6 000 倍液或 2％溴氰菊酯 3 000 倍液、20％氰戊菊酯 3 000 倍液喷雾，视虫情用药 2～3 次即可。

第三章

大蒜设施栽培技术

第一节　大蒜生物学特性

一、植物学特征

大蒜无主根，属浅根性作物。主要根群分布在5～25厘米土层，横向分布30厘米左右，故喜湿、耐肥、怕旱。茎为不规则短缩盘状茎，可不断增大，至成株时茎高约1米，直径2厘米，节间极短。营养生长阶段茎基部生根，茎顶端分化叶原基，到生殖生长阶段，顶端生花芽，花茎基部叶腋间形成侧芽，即蒜瓣。叶由叶身和叶鞘构成。未展出前为褶叠状，展出后扁平且狭长，平行脉，叶互生。花茎即蒜薹，圆柱形，长60～70厘米。花茎顶端有上尖下粗总苞，似尾状，花茎从叶鞘中伸出，俗称"甩尾"。总苞开裂现出伞形花序，花梗基部着生气生鳞茎，每花序可生长几十个，可用作繁殖材料。

鳞茎即蒜头，为茎盘产生的侧芽发育而成，由鳞芽、叶鞘和短缩茎3部分构成，是鳞芽的集合体，每个鳞茎由多个鳞芽集合而成，是大蒜的主要产品器官。小鳞茎即蒜瓣，为短缩茎上侧芽发育而成，不同类型品种的蒜瓣数目不一，早熟品种每个鳞茎由7～8个或10多个鳞芽组成，晚熟品种每个鳞茎由10～20个鳞芽组成。外层由两层鳞片组成，起保护作用，内层肉质肥厚，为贮存鳞片，是鳞芽的主要部分。中间为幼芽，顶端为发芽孔。不同类型的大蒜品种，鳞芽着生位置不同。大瓣品种鳞芽多集中在花茎周围，最内层1～2叶腋中，鳞芽大而少，分两层排列；小瓣品种鳞芽小而多，内外交错多层排列，形成有 10 多个蒜瓣的鳞茎。发生在花茎外围第 1～5 层叶腋中。鳞茎形状因品种而异，有圆、扁圆或圆锥形等多种。鳞芽近半月形，紫皮蒜稍短，白皮蒜较长。独头蒜形似圆球。

二、生长发育周期

大蒜一生经历萌芽期、幼苗期、花芽与鳞芽分化期、花茎伸长期、鳞茎膨大期和休眠期等 6 个生长发育阶段。

（1）萌芽期　播种萌芽至基生叶出土，为萌芽期。春播大蒜历时 7～10 天，秋播大蒜由于休眠及高温的影响，历时约 15～20 天。贮存后期大蒜的鳞芽顶部已分化 4～5 片幼叶，播种后仍继续分化，且不断生根，多达 30 余条，最长根 1 厘米以上，以纵向生长为主。萌芽期生长所需养分主要靠蒜瓣供给，由于根系生长快，亦可从土壤中吸收部分养分与水分。

（2）幼苗期　第一片真叶展出至花芽、鳞芽开始分化，为幼苗期。早熟品种春播，幼苗期约 50～60 天，晚熟品种秋播，幼苗期长达 180～210 天。这个时期是叶的生长期，根系生长和叶片生长量都大，根加长生长速度最快，根系生长转入横向生长，同时长出少量侧根，长出的叶数多，约占总叶数的 50%，叶面积占总叶面积的 40%。这个时期经历秋冬寒冷和春季温暖两个季节、两种不同的气候条件。秋冬季节气温低，生长量小，但叶及假茎的组织柔嫩，可采收作青蒜供应；春暖后气温升高，叶生长快，日照延长，鳞茎开始膨大，至 5 月上中旬地上部生长量达最高峰。同时，花芽和鳞芽即将分化，需要的养分很多，使种瓣中养分消耗殆尽，转入自养生长阶段，叶片出现黄尖现象，需要人工追肥予以补充。

（3）花芽与鳞芽分化期　花芽与鳞芽分化是大蒜产品器官形成的基础，这个时期历时 10～15 天。在幼苗后期，经过一定时间低温后，又在高温长日照影响下，花芽开始分化，并在花茎周围形成鳞芽。薹用大蒜花芽若分化不好，会使成薹率降低，独头蒜增多，导致减产严重。此时停止叶芽分化，但继续出生新叶，株高、叶面积均加快增长，可为花茎伸长及鳞茎膨大积累养分。

（4）花茎伸长期　是指花芽分化结束到花茎采收，历时30～35天。这个时期营养生长与生殖生长并进，全部叶片展出，植株叶面积达最大值。发生大量新根，原有根系开始老化；茎叶、蒜薹快速生长，植株重量迅速增加，占总重的1/2以上。蒜薹采收后，由于植株体内养分向贮存器官鳞茎中转运，植株的鲜重下降，但干重迅速增长。

（5）鳞茎膨大期　从鳞芽分化至鳞茎成熟，为鳞茎膨大期。早熟品种历时50～60天。其中鳞茎膨大盛期是在花薹采收后20天左右。鳞芽生长最初很慢，至花茎伸长后期才开始加快，花茎采收后鳞茎生长最快，至鳞茎膨大期鳞芽增重占净重的84.3%，因此这个阶段鳞茎生长好坏是决定鳞茎大小、产量高低的关键。适时采收花茎（蒜薹），亦利于鳞茎生长与增重。

（6）休眠期　大蒜鳞茎成熟后即进入休眠期，苗端及根际生长点都停止活动。不同熟性品种，休眠期长短不一，早熟品种休眠早，休眠期长，晚熟品种休眠晚，休眠期短。

三、对环境条件的要求

大蒜喜冷凉环境，适温范围-5～26℃。通过休眠的大蒜，在3～5℃条件下即能发芽生根。茎叶生长适温12～16℃，花茎与鳞茎发育适温15～20℃，超过26℃植株生理失调，茎叶发生干枯，鳞茎停止生长。冬季月均温低于-5℃地区，大蒜不能自然越冬。0～5℃低温条件，大蒜植株经过30～40天完成春化。在13小时以上长日照及较高温度条件下，花芽与鳞茎开始分化。

大蒜为浅根性作物，喜湿怕旱，播种前土壤湿润有利发芽与出苗。幼苗期退母后，花茎与鳞茎生长期都需要充足的水分供应，应适当浇水，保持土壤湿润。大蒜喜疏松、富含有机质的土壤，适宜 pH5.5～6.0，过酸过碱均不宜。大蒜喜氮、磷、钾全效有机肥，增施有机肥增产显著。每亩施肥指标：氮（N）8.6千克、磷（P_2O_5）7.4 千克、钾（K_2O）8.6 千克。花茎伸长期和鳞茎膨大中期植株生长量大，需肥亦多，应重追肥。

（1）对温度的要求　大蒜耐寒力较强，适宜生长温度 12～26℃。蒜瓣在 3～5℃低温下能发芽，12℃以上发芽较为整齐。幼苗在短时期内能忍耐−5～−3℃低温，4 叶 1 心可耐−10℃左右低温。蒜薹伸长期适宜温度 15～20℃。鳞茎膨大期最适宜温度 20℃左右，高于 26℃即进入休眠状态。

（2）对光照的要求　大蒜为长日照植物，正常生长发育要求有良好的光照条件。幼苗期对光照时间要求不严格。在 12 小时以上日照条件下和 15～20℃温度下，茎盘上的顶芽即可转向花芽分化，迅速抽薹。鳞芽分化期以后，要求有 13 小时以上日照条件才能发育，蒜头才能分瓣，否则容易形成独头蒜。短日照和稍低温度条件能促进新叶不断形成，使植株只长蒜苗不结蒜头。因此，培育青蒜、蒜苗适宜弱光条件，培育黄蒜苗要求无光条件，蒜头贮存要求冷凉环境，不宜暴晒。

（3）对水分的要求　大蒜叶虽耐旱性较强，但根系入土浅，吸收能力弱，要求较高的土壤湿度，而且不同生育期对土壤湿度有不同的要求。播种后保持较高的土壤湿度，能使幼芽、幼根加快生长，按时出苗。幼苗期保持土壤见干见湿，能促进根系发育生长。幼苗期以后对土壤水分要求逐渐提高，抽薹期和鳞茎膨大期对土壤水分的要求达到高峰。鳞茎发育后期，需水量迅速减少，应控制浇水，促进鳞茎成熟和提高蒜头耐贮性。

（4）需肥吸肥特点　大蒜需肥较多且耐肥。发芽期（从播种到初生叶伸出地面）根系以纵向生长为主，生长点陆续分化新叶，根系的主要作用是吸收水分。由于大蒜生长量小，生长期短，消耗的营养也少，所需的营养由种蒜提供。

幼苗期（从初生叶展开到鳞芽及花芽开始分化）不断分化新叶，为鳞芽、花芽分化打基础。随着幼苗的生长，种蒜贮存的营养逐渐消耗，当养分被吸收利用后，蒜母开始干缩，生产上称为"退母"。退母期一般在幼苗结束前后。此期大蒜的生长完全靠从土壤中吸收营养，吸肥量也明显增加，如土壤养分不足，植株易出现营养青黄不接而呈现叶片干尖。

鳞芽、花芽分化期（幼苗期结束后）新叶停止分化，以叶部生长为主。植株的生长点形成花原基，同时在内层叶腋处形成鳞芽，根系生长增强，植株进入旺盛生长期，营养物质积累增多，为蒜头和蒜薹生长打下基础。加速土壤养分的吸收利用是大蒜生长发育的关键。

抽薹期（蒜叶全部长成后）营养生长和生殖生长并进，生长量最大，需肥量最多。在蒜薹迅速伸长的同时，鳞茎也逐渐形成和膨大，根系生长和吸肥能力达到高峰，是施肥的关键时期。

鳞茎膨大盛期（蒜薹采收后）以增重为主，吸收的养分和叶片及叶鞘中贮存的养分集中向鳞茎输送，鳞茎加速膨大和充实。在鳞茎膨大期，根、茎、叶生长逐渐衰老，对营养的吸收量不大，鳞茎膨大所需要的养分大多来自于自身营养再分配。

大蒜对各种营养元素的吸收量以氮最多，钾、钙、磷、镁次之，各种营养元素的吸收比例为氮：磷：钾：钙：镁＝1：0.25～0.35：0.85～0.95：0.5～0.75：0.06。每生产1000千克大蒜，需吸收氮13.4～16.3千克、磷1.9～2.4千克、钾7.1～8.5千克、钙1.1～2.1千克。鳞芽和花芽分化后，是大蒜一生中三要素吸收的高峰期；抽薹前是微量元素铁、锰、镁的吸收高峰期；采薹后，三要素及硼吸收量再次达到小高峰，锌吸收量达高峰。在三要素中，缺氮对产量影响最大，缺磷次之，缺钾影响最小。

第二节 大蒜类型划分与优良品种

一、大蒜类型划分

大蒜起源于亚洲中西部，传入我国约有 2 000 余年的历史。在栽培过程中，大蒜在不同生态环境下通过自然变异与人为选择，逐步形成了目前相对固定的类型。

1. 栽培类型 按鳞茎外皮颜色可分为紫皮蒜和白皮蒜。一般紫皮蒜蒜瓣少而大，每头 4～8 瓣，辛辣味浓，产量高；耐寒性差，华北、东北、西北适宜春播。白皮蒜有大瓣种和小瓣种，大瓣种每头 5～10 瓣，味香辛，产量高，品质好，以生产蒜头和蒜薹为主，是生产上的主栽类型；小瓣种每头 10 瓣以上，叶多，假茎较高，辣味较淡，产量低，适于蒜黄和青蒜栽培。

根据蒜薹有无，大蒜又可分为无薹蒜和有薹蒜。无薹蒜早熟优质，不产薹，产值较低，目前栽培面积较小。有薹蒜适应性广，全国各地栽培面积大。根据蒜瓣多少可划分为多瓣蒜、少瓣蒜。

根据生产目的可划分为头用型、薹用型、头薹兼用型、苗用型、苗薹兼用型。

2. 生态类型 根据对低温的不同反应，分为低温反应敏感型（抗寒性较差）、低温反应迟钝型（耐寒性强）和低温反应中间型（如徐州白蒜等）3 个生态类型。低温反应敏感型品种对日长要求不严格，在 8 小时日长下可形成鳞茎，但鳞茎重有一定程度减少。低温反应迟钝型品种对日长要求严格，在 12 小时以下的日长下不能形成鳞茎，或形成很小的鳞茎。低温反应中间型品种介于两者之间，在 12 小时日长下可形成鳞茎，在 8 小时日长下鳞茎重锐减。

区分各生态型的主要性状为秋、春播叶片数差比，它反映了鳞芽花芽分化对低温反应的敏感性。

根据全生育期长短可分为极早熟、早熟、中熟和晚熟等四大类型。

二、大蒜优良品种

1. 白皮蒜

（1）徐州白蒜　江苏省徐州地方品种。中熟，生长势强，蒜株粗壮，蒜头肥大、洁白，高产，质优。株高 60～80 厘米，假茎高 25～30 厘米、粗 1.5～2.0 厘米。每株须根 80～100 根，长 20～50 厘米、粗 0.05～0.2 厘米，约 2/3 的须根分叉。一生有叶 15～16 片，叶色浅绿（越冬前）至深绿（返青后），排列紧凑。幼苗期植株开展，后期半直立，最长 70 厘米，宽 3.4 厘米，越冬时 6～8 片叶。薹长 15～20 厘米，粗 0.5 厘米。蒜头外皮（4～5 层）白色，扁球形，纵径 3.54～4.15 厘米，横径 5.85～6.99 厘米，最大达 9.7 厘米，大于 5 厘米蒜头占 85% 以上，单头重 44.5～100.5 克，平均单头重 54.0～85.7 克，最重达 400 克以上，每头 8～12 瓣。当地 9 月中下旬至 10 上旬播种，翌年 5 月中旬收薹，5 月底 6 月初收蒜头，全生育期 240～250 天，每亩产薹 120～150 千克、干蒜头 1 300 千克，宜作蒜头栽培。

（2）太仓白蒜　江苏省太仓地方品种。皮白，头圆整，瓣大而匀，香辣脆嫩，耐贮存，中早熟，生长势旺，耐寒，抗病，高产，质优。株高 25～55 厘米，假茎粗 0.7～1.5 厘米，总叶数 13～14 片，常有绿叶 5～7 片，叶宽而肥厚、色深绿，单株青蒜重 30～45 克。蒜薹粗壮鲜嫩，长 30～40 厘米、粗 0.7 厘米左右，单薹重 16 克左右。蒜头外皮洁白，圆整肥硕，横径 3.8～5.5 厘米（4 厘米以上蒜头超过 80%），单头干重 35 克左右，每头 6～9 瓣，属于单瓣型品种。单瓣干重 4.0～4.5 克，最重达 7 克以上。味辛辣郁香，口感脆嫩，冻害轻，花叶病和锈病发生轻。蒜头 5 月底 6 月初收获后，在东南亚地区可自然贮存到次年 3～5 月份上市。一般 9 月下旬至 10 月上旬播种，翌年 5 月上旬抽薹，5 月底 6 月初收蒜头，全生育期 230～240 天，每亩产青蒜 750～1 125 千克、蒜薹 250～375 千克、干蒜头 700～1 000 千克，是薹、头兼用型品种。

（3）青龙白蒜　又称临海白蒜。以株壮、薹粗、头大、味浓而著名，在国际市场上享有盛誉。中熟，植株粗壮，生长势旺，抗寒性较强，质优，高产。株高 75 厘米左右，开展度中等，一生有叶 11 片，叶剑形、直立、色深绿，长 45 厘米左右、宽 2～3 厘米。抽薹率 100％，长 50～60 厘米、粗 0.6～0.8 厘米，单薹鲜重 40～45 克。蒜头外皮洁白，略呈扁球形，横径 4～5 厘米，高 3～4 厘米，每头 8～10 瓣，蒜瓣肥厚，单头鲜重约 70 克、干重约 50 克。味浓郁香辣，品质上乘。宜在中性或微碱性土壤种植。全生育期 250 天左右，每亩产蒜薹 1 300 千克、蒜头 1 500 千克。可作青蒜和薹、头兼用品种。

（4）苍山大蒜　山东苍山地方品种。主栽品种有蒲棵、糙蒜和高脚子。

蒲棵中熟，生长势强，适应性广，较耐寒，高产优质。株高 80～90 厘米，假茎高 35 厘米左右、粗 1.4～1.5 厘米，一生有叶 10～12 片，叶条带状、绿色、宽大，第 1～6 叶长 10～30 厘米、第 7～12 叶 30～63 厘米，宽 2 厘米左右。薹长 60～80 厘米，尾长 23～33 厘米，粗 0.46～0.65 厘米，单薹重 25～35 克，易拔薹，脆嫩味佳。蒜头外皮（3 层）薄、洁白，横径 3.5～4.5 厘米、高 3.2 厘米左右，单头重 28～34 克，最重达 40 克以上，每头 6～7 瓣，瓣衣黄白稍呈赤红色，肉质细嫩、黏辣郁香。生育期 240 天左右，每亩产薹 500～750 千克、蒜头 800～1 000 千克。

糙蒜中早熟，头大瓣少，长势旺盛。株高 80～90 厘米，假茎较细长，高 35～40 厘米，须根 85～90 条，叶色较淡，开展度较小，叶长 30～50 厘米、宽 1.5～2.0 厘米。薹长势逊于蒲棵，色绿。蒜头横径 4.0～4.6 厘米，单头重 30 克以上，每头 4～6

瓣，瓣高 3.2～3.4 厘米。全生育期 230～235 天，耐寒性不如蒲棵，薹和蒜头产量与蒲棵相近。

高脚子中熟，生长势旺，适应性强，优质高产。株高 85～90 厘米，高者达 100 厘米以上，假茎高 35～40 厘米、粗 1.4～1.6 厘米，须根 80～95 条。薹粗长、绿色。蒜头外皮（3～4 层）白色，横径 4.5 厘米、高 3.5 厘米，单头重 31 克以上，大的约 38 克，每头 6 瓣，肉黄白色，质脆细嫩。全生育期 240 多天，每亩产蒜薹 500 千克左右、鲜蒜头 900 千克以上。

（5）毕节大白蒜 又名贵州白蒜、白皮香蒜、八牙蒜。主产贵州省毕节地区。晚熟，耐寒，头大色白，优质高产。株高 50 厘米以上（高山区略低），一生有叶 8～10 片，色浓绿、直立，叶宽 2～3 厘米。薹长 50～55 厘米。蒜头外皮（3 层）和蒜肉均白色，扁圆锥形，横径 5～7 厘米，单头 6～12 瓣，一般 8 瓣，单头重 35～45 克。辣味浓，很受外商欢迎。适应海拔 1 500 米以上的山区栽培，当地 8 月中下旬在玉米行里套种，翌年 5 月收薹，6 月中下旬收蒜头，全生育期 270～300 天，套种每亩产蒜薹 100 千克、干蒜头 150～250 千克。

（6）余姚白蒜 浙江省余姚、慈溪地方品种。中熟，耐寒，长势强，个大色白，优质高产。株高 70～90 厘米，假茎粗 1.64 厘米，每株有根 104 条；开展度 30～45 厘米，叶表有蜡质层，顶叶长 57.4 厘米、宽 2.2 厘米。薹长 50～70 厘米、粗 0.7 厘米左右。蒜头和蒜瓣外皮均白色，扁球形，横径 4.6 厘米，单头重 38 克，每头 7～9 瓣，单瓣重 4.9～5.2 克。味辣浓香，品质上乘。当地 9 月下旬至 10 月上旬播种，翌年 5 月上旬收薹，5 月底 6 月上旬收蒜头，全生育期约 240 天，单作每亩产蒜头 1 000 千克以上。

（7）舒城大蒜 安徽舒城地方品种。中晚熟，株型紧凑，适应性强，头大肉厚，高产优质。株高 80～90 厘米，开展度 16～18 厘米，一生有叶 8～9 片，色浓绿，无蜡粉，长 46 厘米、宽 3

厘米。抽薹较早，味浓质优。蒜头外皮薄、白色，扁球形，横径6厘米、高4.5～5.0厘米，单头重50克左右，每头9～13瓣，抱合较松，瓣匀、肉肥厚，辣味浓郁。当地8月下旬9月中旬播种，翌年5月中旬收薹，5月底至6月上旬收蒜头，全生育期260天左右。宜作青蒜和蒜头栽培。

（8）吉阳白蒜　主产于湖北吉阳山一带。中早熟，生长旺盛，抗逆性强，较耐贮存，优质高产。苗期生长快，色浓绿，不易早衰。植株高大，一般株高92厘米以上，假茎高45～60厘米、粗1.6～2.5厘米。一生有叶10～12片，长51～75厘米、宽3～4厘米。根系发达，抗倒伏性强，功能期长。蒜薹粗细均匀、上市早，黄绿而脆嫩，长70～90厘米，单薹重25～40克。蒜头皮薄色白，皮薄汁多，甜味适中，品质上等，横径4～5厘米，单头重35～50克，每头8～10瓣，单轮排列。脆嫩而汁浓、味甘而鲜辣。当地8月中旬至10月中旬均可播种，翌年5月中旬收获，全生育期235～255天。青蒜、蒜薹和蒜头兼用型良种。适应性强，较抗病，耐寒耐热，一般每亩产蒜薹350～500千克，蒜头300～700千克。

（9）金乡白蒜　植株高大，一般株高85厘米，假茎粗1.5～2.0厘米，假茎高40～50厘米，叶色深绿，叶片长50厘米以上，叶宽3～4厘米，蒜薹较细、黄绿色、纤维少、品质好，耐贮性差。鳞茎肥大，直径4.5～7.0厘米，单头重45～80克，蒜皮洁白，香辣味中等。以生产鳞茎为主。

（10）无薹大蒜　上海地方品种。植株粗大，生长势强，不抽薹，蒜头大，每头8～10瓣，鳞茎均可食用。除鲜食外，韧性强，不易抽薹。

（11）嘉定白蒜　上海嘉定地方品种。已有700多年栽培历史，是我国大蒜出口历史悠久、出口量最大的品种之一。有嘉定1号、嘉定2号两个品系。蒜头肥大，色泽洁白，肉质脆嫩，辣味较浓，以白、辣、脆著称。其中嘉定1号白蒜适应性较广，丰产性好，休眠期长，耐贮运。嘉定 2 号蒜头大，蒜薹壮、产量高，成熟较早。一般全生育期 240～245 天。株高 85 厘米左右，假茎高 25～30 厘米，粗 1.3～1.8 厘米，成株有叶 13～15 片，绿色，挺直。叶长 35～50 厘米，宽 1.5～2.5 厘米。蒜薹绿色，薹长 35～50 厘米，尾长 20～30 厘米，粗 0.4～0.6 厘米，单薹重 20～22 克。蒜头圆整，6～8 瓣，横径 4～5 厘米，瓣长 3 厘米，宽 1.9 厘米，厚 1.9 厘米，重 30～40 克。亩产蒜头 600～700 千克、蒜薹 250～300 千克。适宜长江中下游地区栽培。

（12）射阳大蒜　江苏省射阳县主栽品种。中晚熟，生育期 255 天。抗寒性强，抗病力较强，适应性广。株高 75 厘米左右，开展度中等。总叶数 13 片，绿叶 6～8 片。叶直立，剑形，色浓绿，叶面微着蜡粉，长 48.5 厘米，宽 2.5 厘米。假茎粗壮，高 35 厘米，粗 1.5 厘米。薹长 50～60 厘米，粗 0.85 厘米，单薹鲜重 30～40 克，蒜薹断面伤流少，愈合快，耐贮存，可在保鲜库气调贮存至翌年鲜蒜薹上市，不变色，加工出口一级品率达 85％以上。蒜头略显扁圆球形，横径 3.8～4.5 厘米，高 3.5 厘米，蒜皮洁白，每头 8～10 瓣，蒜瓣肥厚，单头鲜重 50.5 克，干重 37 克，味浓郁香辣，品质上乘，蒜头与加工干蒜片之比 3.7：1。

（13）白皮马牙蒜　吉林农安等地农家品种。植株直立，叶片狭长，蒜皮白色，每头 8～9 瓣，多者 10 余瓣，蒜瓣狭长。辣味较谈，品质优良。生长期长，抽薹率低，中晚熟品种，适于腌渍和蒜苗栽培。

（14）拉萨白皮大蒜　植株生长粗壮，鳞茎肥大，蒜皮白色，每头 20 余瓣，多者 30 余瓣，每头鲜重达 250 克。生长期间地上部易分叉。适应性强，抽薹率低，蒜头耐贮，适于高寒地区栽培。

2. 紫皮蒜

（1）二水早　又名"二早子"。四川省金堂地方良种。早熟，耐热，耐寒，适应性强，生长势旺，抽薹早，优质高产。株高 60～80 厘米，假茎长 45 厘米、粗 1.0～1.4 厘米，一生有叶 10～12 片，剑形，上冲，肥厚，色绿，蜡粉较多，长 34～40 厘米、宽 2.4～4.0 厘米。6～8 片叶时抽薹，蒜薹浅绿色，长 60～72 厘米、粗 0.45～0.71 厘米，单薹重 20～35 克，最重达 50 克以上。蒜头外皮较厚，微紫色，中等大小，圆形，横径 3.5～4.5 厘米、高 2.8 厘米，单头重 15～23 克，最大 35 克，每头 8～9 瓣，排列规则，紧瓣，瓣衣紫红色，干后变褐色，单瓣重 1.8 克。休眠期短，不耐贮存。全生育期 210 天。亩产青蒜 1 500～2 000 千克、蒜薹 300～650 千克、蒜头 500～700 千克。宜作青蒜和蒜薹栽培。

（2）超化大蒜　郑州地方品种。中晚熟，株壮，头大，优质高产。根系不发达，有叶 7～9 片。蒜薹粗壮，鲜嫩多汁。蒜头外皮紫色，个肥大，每头 5～6 瓣，单头重 40 克，蒜味浓郁。秋分播种，次年 5 月中旬收薹，6 月上旬收蒜头，全生育期 255 天左右。保护地半避光栽培 20～30 天可收一茬蒜黄，亩产蒜黄 3 000～4 000 千克。宜作蒜薹、蒜头或蒜黄栽培。

（3）三月黄　江苏省大丰地方良种。抽薹前有明显落黄特性，时值农历三月，故得名。中熟，生长势较旺盛，抗寒性较强，春季落黄明显，高产优质。株高 70 厘米，一生有叶 10 片，长 50 厘米，色浓绿。蒜薹长 45～50 厘米、粗 0.5～0.7 厘米。蒜头外皮淡紫色，略呈扁球形，横径 4 厘米左右、高 3.3～3.5 厘米，单头 8～10 瓣，头重 30～40 克。辛辣味浓，品质好。8 月中下旬播种作青蒜栽培，9 月下旬至 10 月上旬作薹、头栽培播种，全生育期 250～255 天，亩产青蒜 2 000～3 000 千克、蒜薹 500～725 千克、蒜头 1 000～1 250 千克，是青蒜、蒜薹和蒜头兼用型良种。

（4）衡阳早薹蒜　湖南省衡阳市选育。中早熟，长势旺，蒜苗粗壮，抽薹早，优质高产。植株直立，叶宽茎粗。株高 60 厘米，假茎长 7～10 厘米、粗 2 厘米，一生有叶 8～12 片，长条形、绿色，蜡粉少，长 46 厘米、宽 3.2 厘米。青蒜单株重 95克，最重达 125 克。蒜薹长 40 厘米，绿色脆嫩。蒜头外皮白色间紫红，每头 18～25 瓣，瓣瘦小。7 月上旬至 9 月上旬均可播种，11 月至 1 月中旬青蒜上市，2 月中旬开始采薹，4 月中旬收蒜头，亩产青蒜 2 000～3 000 千克、蒜薹 300～350 千克，宜作青蒜和早薹蒜栽培。

（5）隆安红蒜　广西隆安县地方品种。早熟，抗热性强，高产优质。株高 57 厘米，假茎粗 1.7 厘米，根系发达，叶长 52 厘米、宽 1.5 厘米，青蒜产量高，味道鲜美。蒜薹易抽出，且能在较高气温下抽薹。蒜头外皮紫色，每头 7 瓣，瓣小，单头重 11克左右。亩产青蒜 1 800～2 000 千克、蒜薹 700～800 千克、蒜头 400～700 千克，是早青蒜（宜夏播）、薹、蒜头兼用良种。

（6）苏联二号大蒜　又名"苏联红皮蒜"。中熟，生长势强，抗热性能好，高产优质。株高 73.5～98.5 厘米，假茎粗壮，长 40～50 厘米、粗 1.6～2.2 厘米，须根 80～110 条，少量分叉。一生有叶 12～13 片，长 50～80 厘米、宽 3～4 厘米，叶色深绿，耐寒性强，越冬时可达 7 片叶。抽薹率 60%～70%，蒜薹短而细，长 70～90 厘米（含蒜尾）、粗 0.4～0.6 厘米，单薹重 7～10 克，黄绿色，纤维少，品质优，但不耐贮。蒜头外皮浅紫色，个肥大，横径 5.2 厘米，单头蒜重 50 克左右，最大鲜重 200 克、干重 152 克，单头 10～14 瓣，其中内层小瓣 1～3 个，蒜头休眠期较短，不耐贮。秋分至寒露播种，翌年 5 月 15～30 日收获，全生长期 234 天，亩产青蒜 2 500～3 500 千克、蒜薹 150～200千克、蒜头 1 500～2 000 千克。宜作青蒜和蒜头栽培。

（7）嘉祥紫皮蒜　山东省嘉祥地方良种。株高 80～105 厘米，每株有须根 80～100 条，长 20～50 厘米，一般有 70% 左右须根发生分叉。假茎高 40～50 厘米、粗 1.6～1.8 厘米。叶片狭长、直立，长 45～50 厘米、宽 2.5～2.8 厘米，叶面有蜡质层，耐干旱。薹长 60～90 厘米、粗 0.7～0.8 厘米。蒜头外皮紫红色，球形，横径 3.0～4.5 厘米，头围 14 厘米左右，多为 4～6瓣，少数 8 瓣，瓣大小均匀，外皮深紫红色，色泽鲜艳，单头重25～30 克，单瓣重 4.2～4.5 克。香辣味浓烈，蒜泥黏度大，浑汤，营养丰富，品质极佳。秋分至寒露前后播种，翌年芒种收获，全生长期 240 天左右，亩产蒜薹 600 千克、蒜头 1 250 千克，高产达 2 000 千克以上。宜作蒜薹、蒜头栽培。

（8）昭苏大蒜　在新疆昭苏地区全生长期 323 天左右，晚熟，耐旱，耐寒，耐肥，抗病，优质高产。株高 75～80 厘米，须根 100～110 条，一生 9 片叶，叶色浓绿，叶面蜡粉较厚。蒜头浅红色，头围 15～20 厘米，单头重 59 克，大的达 84.4～87.2 克，单头 4～7 瓣，多为 6 瓣，瓣大而匀，肉质肥厚，辣味浓郁，芳香持久，锗含量高。休眠期长，耐贮存。宜作蒜头栽培。

（9）宝坻大蒜　天津宝坻农家品种。味纯浓郁，辛辣醇香（早在明、清时期即为御膳筵馔佳品），蒜头中辣素、水分、粗蛋白、纤维素、果胶质等含量均高于白皮蒜，风味上乘，在京津久负盛名。分为两类：一是抽薹类，如六瓣红、马芽红、抱娃红；二是割薹蒜类，如柿子红、狗牙红。春播中熟品种，全生育期105～107 天。

六瓣红，又名"六大瓣"。株高 65～75 厘米，须根 90～110条，假茎粗大，一生 9 片叶，互生、直立，开展度 20 厘米，叶色浓绿，叶面蜡粉较厚，宜密植。抽薹早，蒜薹粗壮，肉质肥厚，产量高。蒜头外皮紫红色，横径 6.5 厘米左右，横径达 4 厘米的蒜头超过 80%，单头重 50～60 克，蒜头多为 6 瓣，单层排列，瓣肥大均匀，质密坚硬，易贮存。亩产干蒜头 800～1 000千克。宜作蒜薹和蒜头栽培。

柿子红，株高 70 厘米，须根 60～80 条，一生 9 片叶，叶片较长，叶色浅绿，蜡粉较少，叶片平展，叶尖下垂，呈披针形，开展度 25 厘米，宜稀植。抽薹晚，抽薹率低。蒜头扁圆形似柿子，横径 5.0 米，高 3.5 厘米，每头 4～6 瓣，单头重 40 克左右，蒜皮薄且脆，易破损，辣味柔和适口，贮存条件较严格，亩产干蒜头 850～925 千克。宜作蒜头栽培。

（10）阿城大蒜 黑龙江阿城市地方品种。早熟，耐寒，生长旺盛，优质高产。株高 60 厘米左右，假茎高 15～25 厘米、粗 0.8～1.5 厘米。根须多，每株有须根 40～90 条不等，根长 13～18 厘米、粗 0.5～1.2 毫米，根系不分叉。一生有叶 8～9 片，长 10～40 厘米、宽 0.7～1.5 厘米。蒜薹粗壮。蒜头外皮紫红色，横径 3.5～5.0 厘米、高 4.0～5.5 厘米，每头蒜 5～8 瓣，单头干重 25～50 克。蒜头大而整齐，瓣体肥厚脆嫩，蒜汁黏，味辛辣、芳香、鲜美。生育期 90～95 天。宜作蒜薹、蒜头栽培。

（11）宋城大蒜 又名"围蒜"。我国主要出口大蒜品种之一。中晚熟，株壮，生长势强，抗病性好，优质高产。株高 72 厘米左右，假茎粗 15 厘米。一生有叶 14～15 片，叶色浓绿，叶片宽厚上冲挺拔。抽薹率 70%～90%，蒜薹细短，单薹 5 克左右。蒜头外皮红色，头围 16 厘米左右，横径 5 厘米上下，单头重 50 克左右，重者达 120 克，单头 9～10 瓣，瓣形大小不匀，但小瓣重占不到 1.0%。全生育期 260 天左右，亩产青蒜 2 000～2 500 千克、蒜薹 150～200 千克、蒜头 1750 千克左右。以产蒜头为主，也可作青蒜栽培。

（12）陕西蔡家坡紫皮蒜 植株生长势强，叶色浓绿，较耐寒，鳞茎膨大对日照长度要求中等。叶片较宽，叶鞘较长，蒜薹粗大。鳞茎外皮紫红色，平均单头重 60 克，横径 4.5～6 厘米。大瓣种，每头 7～8 瓣。味辛辣、味浓，品质优良，早熟高产，宜作青蒜、蒜薹和蒜头栽培，为陕西主栽品种。

（13）辽宁开原大蒜 植株生长势强，叶色浓绿。鳞茎外皮紫红色，单头重 35～60 克。大瓣种，每头 4～6 瓣。质脆味辣，品质优良，可生、熟食，或加工成糖醋蒜、咸蒜等。

（14）金乡紫皮蒜　又名杂交蒜、改良蒜、苏联大蒜。植株高大，一般株高 85 厘米，假茎粗 1.5～2.0 厘米，假茎高 40～50 厘米，叶色深绿，叶片长 50 厘米以上，叶宽 3～4 厘米，蒜薹较细，黄绿色，纤维少，品质好，耐贮性差。鳞茎肥大，直径 4.5～7.0 厘米，单头重 45～80 克，蒜皮红色，香辣味中等。以生产鳞茎为主。

第三节　大蒜设施栽培技术

根据栽培季节，我国大蒜有春播蒜和秋播蒜。在自然状态下，北纬 38°以北地区冬季严寒，秋播蒜苗易受冻害，宜春播；北纬 35°以南地区冬季不寒冷，蒜苗基本可以露地越冬，宜秋播；北纬 35°～38°之间地区春、秋播均可。利用设施与保温材料，如覆草、盖地膜等技术，北纬 38°以北地区大蒜也可以秋播。根据人们对大蒜食用喜好习惯和出口需要，又可分为以收获蒜薹或蒜头的常规栽培；以食用假茎和叶片为目的的青蒜和蒜黄栽培；以提高土地利用率和复种指数，增加经济效益为目的的多种间套作栽培。

国内大蒜设施栽培近几年有所发展，主要体现在：头蒜地膜覆盖栽培；苗（青）蒜、薹蒜设施栽培；蒜黄（软化栽培）生产。利用设施进行反季节大蒜（头）栽培较少。

一、大蒜（头）设施栽培

1. 地膜覆盖栽培

（1）地膜覆盖栽培的优点　大蒜地膜覆盖栽培是近年来兴起的一项新技术，对解决北方干旱地区耗水量大，北纬 38℃以北地区秋播安全越冬，以及提高出口级蒜率等问题具有重要作用。可缓解秋播播种季节与茬口的矛盾；提高冬季地温，保温增墒，减少水分蒸发和养分流失，保持土壤疏松，增加氧气的含量；促进大蒜壮苗早发，减轻病虫危害，提高等级蒜比率；促进早熟，提高产量，增加经济效益。

①改善环境条件：地膜覆盖后，在冬前可提高5厘米处地温2～3℃，加速大蒜冬前幼苗生长、健壮，抗寒力强。翌春，由于地温高2.6～3.7℃，大蒜幼苗返青早，生长快，植株生长量大，叶面积大，为丰产奠定了基础。地膜的不透水性降低了土壤水分蒸发量，有利于土壤保墒防旱，减少浇水次数，土壤墒度适宜，早春避免浇水降低地温，为植株生长创造有利条件。地膜覆盖后增强土壤保水保肥能力，提高养分利用率，保持土壤疏松，防止浇水过多地面板结，有效改善土壤环境条件。地膜阻挡种蝇在蒜根周围产卵，减少根蛆为害，也抑制杂草发生和危害。

②促进大蒜生长发育：由于环境条件改善，大蒜地膜覆盖条件下植株生长健壮，根系发达，叶面积大。叶面积指数可达0.025。

③早熟高产：由于地膜覆盖的温度效应，大蒜地膜覆盖栽培抽薹期可提前6～10天，成熟期提前5～8天。早熟为早收创造了条件，可有效调节下茬作物栽培期。利用地膜覆盖，大蒜可增产蒜薹55.35%，增产蒜头44.8%。

（2）地膜覆盖方法　大蒜播种后，浇透播种水（只要大蒜播种后不降大雨，就要抓紧时间浇透水），以确保大蒜足墒出苗，整齐一致。盖膜大蒜人工除草不便，且杂草较多，生长快，因此盖膜栽培大蒜必须配合化学除草。比较理想的除草剂有乙草胺和拉索。乙草胺用量：沙地或轻壤地亩用100～150毫升，重壤地或黏土地150～200毫升。拉索亩用量200毫升。两种药均兑水40～50千克喷施，大蒜浇完蒙头水后至出苗前，与盖膜同时进行。先喷药后盖膜，喷洒要均匀，避免重喷或漏喷。然后覆盖地膜，大蒜浇完蒙头水后，沙壤地第二天可盖膜，重壤黏土地要隔3～4天。覆盖大蒜的地膜多为聚乙烯透明膜，厚度0.005～0.007毫米。平畦覆盖可用2米宽幅地膜，高畦以选用95厘米宽度地膜为好。将地膜顺畦铺开，两人对面将地膜两边扯紧，使地膜紧靠地面，同时将地膜两边压进湿土中，压紧、压实。

（3）大蒜（头）地膜栽培技术要点

①精细整地，施足基肥：地膜覆盖栽培比常规露地栽培对土壤的要求更严格。要求土壤肥沃，有机质含量高，地势平坦，土块细匀、疏松，沟系配套，排灌通畅。地膜大蒜需肥量大，盖膜后又不便追肥，在肥料运筹中要以基肥为主，追肥为辅。基肥以有机肥为主，化肥为辅，增施磷钾肥或大蒜专用肥。一般每亩施土杂肥 4 000～5 000 千克或腐熟厩肥 2 000～2 500 千克、禽粪肥 1 000～1 500 千克、饼肥 150～200 千克、过磷酸钙 25～30 千克，也可施大蒜专用肥或复合肥 40～50 千克。施肥后深耕细耙，使土疏松。整地作畦时，要达到肥土充分混匀、畦面平整、上疏下实、土块细碎，作成宽 120～180 厘米小高畦，两边开沟，沟宽 25 厘米，深 20 厘米。也可在前茬收获后，清理残茬地面，喷洒免深耕土壤调理剂，播种前浅松土播种。

②严格选种：大蒜选种可采用"两选一分法"，即在大蒜收获时，在田间选择具有本品种形态特征和优良种性的植株留种，要求叶无病斑，头肥大、周整，外观颜色一致，瓣数相近，均匀饱满，并单收单藏。要求种瓣达"五无"标准，即无病斑、无破损、无烂瓣、无夹心瓣、无弯曲瓣，同时用清水、磷酸二氢钾和石灰水分别浸种。尽量选用一级种瓣，尤其是晚茬田更应如此，只有在种子不足的情况下才选用二级种瓣，单瓣重 4～5 克。

③适时播种合理密植：地膜有显著增温保墒作用，因此要适期晚播，一般比当地露地蒜迟 10～15 天，秋播大蒜适期播种的日均温度约 20～22℃，北方地区 9 月中下旬，以越冬前蒜苗 4 叶 1 心为准；长江流域及其以南地区 10 月中旬至 11 月上旬，冬前长到 5～7 片叶。密度应根据品种特性及土壤肥水情况，一般亩播种 24 000～35 000 株。播种时开浅沟，深 4～5 厘米深浅沟，按株行距定向（蒜瓣背向南）排种（先播种后覆膜），也可采用

按株行距膜上打洞摆种（先覆膜后播种），并用细土盖匀，轻轻去除地膜上的余土，以防遮光，影响增温效果。

④及时破膜放苗：先播种后覆膜的田块，约有80％幼苗可自行顶出地膜，不能顶出地膜的应及时破膜放苗，以防灼伤。

⑤灌"三水"施"三肥"严防后期脱肥：在土壤封冻前浇越冬水；翌年春天土壤解冻时浇返青水；蒜头快速膨大初期浇膨大水。冬前追施越冬肥，要求充分腐熟的厩肥；翌年土壤解冻后追施返青肥，以化学氮肥为主；地膜大蒜长势旺盛，需肥量大，后期易脱肥，在中后期追施蒜头膨大肥非常必要，后期根系吸肥能力减弱后要叶面喷施0.2％磷酸二氢钾、高能红钾或微肥1～2次，以满足大蒜对磷、钾营养的需求，延长后期功能叶寿命，促进蒜头膨大。

⑥及时防病治虫：大蒜春季易发生叶枯病、疫病、灰霉病、葱蓟马、蚜虫、蒜蛆等病虫，应选择高效低毒农药及时防治（详见第四节病虫草害防治部分）。

⑦适期采收：蒜头适期采收的形态特征是，植株基部大都干枯，假茎松软，用力向一边压到地面，不脆而有韧性。收获前一天轻浇水一次，使土壤湿润，便于起蒜。新收获的蒜头要及时去泥，削去根须，放在田间晾晒，然后分级销售或贮存。

（4）大蒜（头）栽培茬口安排　大蒜（头）多以一年一茬地膜覆盖栽培为主。在大蒜秋播区，为提高生产综合效益，充分利用温光资源，近年来多进行以大蒜为主的间套立体栽培方式。秋播大蒜前茬以玉米、豆类及各种喜温瓜菜为主，稻区可以和水稻轮作。

①大蒜—菠菜—西瓜（南瓜）—玉米：300厘米为一种植带，于10月初播种12行大蒜，占地220厘米。留下80厘米空当（预留带）播种菠菜。翌年菠菜收后整地施底肥，4月下旬种植1行地膜西瓜或南瓜。5月下旬大蒜收种后及时把瓜秧引向蒜

茬地，并整枝压蔓，理顺瓜秧。同时，在蒜茬地中间播 1 行玉米，株距 25 厘米，每亩保苗 1 200 株，过稠影响瓜生长。7 月下旬至 8 月收瓜，9 月中旬收玉米后施肥、整地，继续播种大蒜。该模式在黄淮等大蒜产区试种成功。

②大蒜—菠菜—南瓜—早熟菜花：作 180 厘米宽的畦，于 9 月下旬在紧靠畦的一侧种 6 行大蒜，行株距 20 厘米×10 厘米，占地 1 米。在 80 厘米的空当内开沟播种 3 行大叶菠菜。菠菜从 11 月陆续开始收获，至翌年 3 月收获完毕。然后施肥、整地做成小高垄，其上覆地膜按株距 50 厘米于 4 月中旬定植 1 行南瓜（南瓜于 3 月中旬小拱棚营养钵育苗）。5 月底大蒜收后把南瓜秧引向空畦，理顺蔓叶，压蔓，留瓜，7 月下旬南瓜拉秧，可及时整地定植早熟耐热菜花——夏银花、白雪公主（在遮阳网下利用营养钵育苗，5～6 叶定植）。定植地施足底肥，犁耙整平后按 110 厘米踩线，然后从线内侧向中间翻土做成高 15 厘米、宽 60 厘米高垄。在垄两侧按 45 厘米株距定植 2 行菜花，每亩栽苗 1 600 株。生长期间不蹲苗，肥水齐攻，注意防虫，出现花球后，掰下底部老叶盖在球上防阳光暴晒、灰尘污染而降低花球质量。夏银花、白雪公主都属于优质耐热早熟菜花品种，花球洁白、紧实，夏季在一般气温下不会出现"毛花""黄球""紫花"现象。这茬菜花单球重 700～800 克，亩产量 1 000 余千克。9～10 月正值秋天淡季上市。该模式在河南中牟推广效益很好。

③大蒜—菠菜—辣椒—玉米：种植带 170 厘米宽，其中 100 厘米畦内种 6 行大蒜，株距 10～12 厘米，70 厘米宽的预留畦内稀播 3 行大叶菠菜。菠菜从 11 月份始收一直可收到翌年 3 月。3 月中旬在温室或中拱棚（夜间加盖草苫）内育辣椒苗，选择大果型、微辣、肉厚的品种，如农研 16、农研 17、湘研 10 号等。5 月上旬在菠菜收后的预留带内整地、施底肥，然后在距大蒜两边行 10 厘米远两侧双株定植辣椒，株距 50 厘米，每亩栽苗 3 000 株。5 月底大蒜收后在宽行内按株距 100 厘米，一

穴双株播种 1 行大穗型玉米，可选择豫玉 22、北京 108 等高产大穗良种。利用稀植玉米给辣椒形成花荫环境替辣椒遮风、挡雨、挡强光，还可阻隔传播辣椒病毒的蚜虫迁飞，减轻辣椒病毒病的感染率。

该模式经试种，大蒜亩产量 500 千克、菠菜 300 千克、辣椒 2 500 千克，可在 8 月份随时收获嫩玉米，也可在 9 月份收老玉米。该种植方式留出 70～100 厘米预留带，少种 3～4 行大蒜，其损失由菠菜来补，菠菜收得早，有充裕时间对定植辣椒的预留带进行施肥、深翻、整理。而且可以提早定植辣椒。辣椒与大蒜二者共生期不足 1 个月。该模式在黄淮流域种植为宜。

④大蒜—黄瓜—菜豆：该模式在山东苍山等大蒜产区试种成功。110 厘米为一种植带，80 厘米宽，畦面高 10 厘米，畦沟宽 30 厘米。选择苍山蒜中的早熟品种，于 10 月初播种，行距 17 厘米，每畦 5 行，株距 7 厘米，平均每亩保苗 33 000 株。播后覆土浇水覆地膜，以后按常规管理。蒜薹采收后浇 2 次水促进蒜头膨大。收蒜前如地墒差可再浇一次水，再播夏黄瓜。黄瓜可选用抗热、抗病品种如津优 4 号、津春 5 号等。5 月底将有机肥施入畦沟内深翻整平，在沟两侧按株距 25～30 厘米播种 2 行已催出芽的黄瓜，每穴 2 籽，覆土 2～3 厘米。播后 3 天出苗，中耕保墒，当瓜苗长至 3～4 片叶时每穴保留 1 株。6 月初收蒜后在窄沟上方搭架，搭架时竹竿要向黄瓜植株外侧约 10 厘米处插入土中，以扩大窄行间距离。蒜茬地留作宽行走道。黄瓜出苗后约 40 天开始收获，采瓜期约 40 余天。7 月中下旬在黄瓜宽走道中施肥整地播种 2 行菜豆，品种选用芸丰 623、丰收 1 号等早熟品种，穴距 25 厘米，每穴 3 籽，黄瓜拉秧后，架豆可利用黄瓜架爬秧，9 月中旬开始收获。

⑤大蒜—冬甘蓝—南瓜—玉米：300 厘米为一种植带，在 200 厘米宽畦内于 9 月下旬播种 8 行大蒜，株距 8～10 厘米。翌年 5 月下旬收获。在播种大蒜的同时育甘蓝苗。选用牛心形、冬

性强、抗抽薹性好的越冬甘蓝品种，10 月中下旬定植在 1 米宽的小畦内，株距 30 厘米，亩栽苗 700 余株，4 月中下旬收后及时整地、施肥播种或定植提前培育的南瓜苗，株距 50 厘米，亩栽苗 400 株。南瓜选用干、面、甜的优良品种，如蜜本、黄狼等。大蒜收后及时把南瓜秧拉向蒜畦，并整枝压蔓，同时在其行间套 1 行玉米，株距 25～30 厘米，每亩保苗 800 株，玉米选用大穗型高产品种豫玉 22。南瓜、玉米收获后不耽误播种或定植越冬作物。该模式在河南等大蒜产区试种成功。

2. 日光温室设施栽培 反季节栽培只要选择适宜的品种，创造鳞茎形成和膨大的环境条件和生理条件，就能获得蒜头产品。蒜头形成所需的春化条件可以通过蒜种低温处理提供；鳞茎形成对长日的要求，通过补光延长光期或暗期光中断可以满足，同时可利用适宜的植物生长调节物质促进大蒜发育和鳞茎膨大。北纬 38℃以北地区，主要采用日光温室栽培。

（1）品种选择 选择早熟、对二次生长敏感性差的品种，因为蒜种低温处理和生长期内的高温极易导致大蒜二次生长。如四川蒜、浦县大蒜等。

（2）种蒜处理 由于大蒜有生理休眠期，夏季常因休眠期未结束及高温影响，播后出苗困难，因此要采取措施，人为打破休眠。通常采用低温高湿法。即播前 15～20 天将分级的种瓣放在清水中浸泡 12～18 小时，捞出沥干水后放在 10～15℃、空气相对湿度 85％环境中。在冷凉湿润条件下经 15～20 天，大部分蒜瓣已发出白根，即可播种。有条件的也可将上述经浸泡过的种蒜放入冷库、冰柜（箱）或用绳吊在土井里（水面以上），经 0～5℃低温处理 3～4 周，即可打破休眠，促其生根发芽。另外，可用激素处理的方法，把蒜种用清水洗净后，再用 3～6 毫克/升赤霉素浸种 10 分钟，晾好后，在阴凉通风处沙床上催芽。

（3）适期播种 一般北方地区宜在 7 月下旬至 8 月上中旬播种。种植密度参考地膜覆盖栽培。

（4）栽培管理

①温度调节与控制：蒜种低温处理后出苗早、鳞芽分化提前，加速了生育进程，缩短了生育期。若没有适宜的温度和光照条件，蒜种低温处理反而降低了蒜头的产量性状指标，使蒜头减产。大蒜经春化阶段后，在 3～5℃低温下就可萌芽，但在 12℃以上萌芽迅速，幼苗生长适温 12～16℃，鳞茎形成期还需在 13 小时长日照及 15～20℃温暖气候下才能抽蔓，并促进鳞茎形成。超过 26℃，根系枯萎，叶片枯干，假茎松软倒伏，进入休眠期。蒜种经低温处理使鳞芽分化期提早，加速发育，但抗寒性差。依据大蒜生长的特性，可有针对性地采取措施，满足大蒜生长的要求。一是前期遮光降温，扣棚时间后移至气温较低时，保证幼苗生长适宜温度；二是后期冬季棚内温度控制在白天 25℃以下，夜间不低于 15℃，促进鳞茎生长膨大。必要时夜间采取增温手段。

②光照调节与控制：长日照条件对鳞芽分化后的发育起促进作用。能够极显著地促进植株生长和鳞茎膨大，增加鳞茎重量，短日照则抑制了植株生长和鳞茎膨大，降低了鳞茎重量。已有研究结果表明，暗期光中断具有显著的长日效应，同样能够促进植株生长和鳞茎膨大，使鳞茎增重。依据上述理论基础，在大蒜进入鳞茎膨大期后，必须保证其光照时间，一般情况下多采用人工补光手段满足大蒜生长要求，也可采用暗期光中断技术，以每次 10 分钟、9 次光中断处理效果最好。

③激素处理：利用激素进行处理主要是弥补因光照不足而导致大蒜内源激素分泌不足，从而影响大蒜鳞茎生长膨大的问题。一是在大蒜生长前期喷施 1 000 毫克/升乙烯利，有利于鳞茎分化形成。二是于鳞茎开始膨大时（播种后 95 天左右），叶片喷施水杨酸 200 毫克/升，促进鳞茎膨大和增重，改善大蒜鳞茎的营养品质。也可叶片喷施矮壮素 200 毫克/升，抑制大蒜植株生长，促进大蒜鳞茎膨大和增重，改善鳞茎营养品质。

二、青蒜（苗）设施栽培

青蒜即蒜苗，是以鲜嫩翠绿的蒜叶和洁白嫩脆的假茎作为蔬菜供应市场。青蒜一年四季均可生产供应上市，因生产季节和上市时间不同，北方有立冬前上市的"早蒜苗"和早春上市的"晚蒜苗"；南方9月中下旬上市的"火蒜苗"，10月下旬至12月份上市的"秋冬蒜苗"，1月至2月份上市的"春蒜苗"和4月至5月上市的"夏蒜苗"等。但随着品种和栽培技术及栽培设施条件的改善，生产时间并不严格，主要是依据市场需求。

近年来，随着设施条件的改善，北方地区整个冬季均能进行青蒜生产。其主要栽培设施有日光温室和塑料阳畦，栽培方法有日光温室畦田栽培、多层架立体栽培、火炕栽培、电热温床栽培和塑料阳畦栽培等。目前主要采用日光温室和塑料阳畦栽培。

1. 品种选择 选择幼苗生长迅速、叶质肥厚鲜嫩、单株或单位面积产量高、适宜密植且节省蒜种的小瓣种做种，同时剔除受涝、受冻、受伤、发病、发霉、有虫伤等的蒜头、蒜瓣。一般保护地青蒜常选用的地方品种多为白皮蒜类，蒜皮白色一般叶数较多，假茎较高，蒜头大，辣味淡，成熟晚，适于温室大棚栽培。如白牙蒜、马牙蒜、狗牙蒜等品种。以接近解除休眠的蒜头为播种材料，均是设施青蒜栽培的优良品种。

2. 施足基肥 青蒜栽培密度大，需肥量大，且生长期短，要求在较短时间内长成较大个体。因此，青蒜栽培需要充足的肥水条件，且速效肥与长效肥相结合，施足基肥，促其地上部快速生长，才能获得优质高产的青蒜。在耕翻之前，每亩施腐熟厩肥4～5米^{3}或土杂肥5～6米^3、人畜粪3 000～4 000千克，饼肥100～150千克，碳酸氢铵15～20千克，钾肥5～7.5千克，也可施大蒜专用肥（或三元复合肥）20～30千克。

3. 种蒜处理 大蒜有生理休眠期，夏季常因休眠期未结束及高温影响，播后出苗困难，因此要采取措施，人为打破休眠。

通常采用冷水浸泡和低温催芽法。将选好的种蒜剪去蒜脖假茎和根须，剥去部分外皮，露出蒜瓣，放在凉水中浸 24 小时（深秋初冬浸泡时间宜长些，立春前后浸泡时间宜短些），但应避免浸泡过头造成散瓣（以蒜头播种）。将上述浸泡过的蒜种放在 0～10℃低温下贮存 30～45 天即可播种。

4. 适期播种 将处理过的种蒜去掉盘踵，蒜头和蒜瓣均应按大、中、小等级分开播种，分别管理。播种于棚室内宽 120～150 厘米的畦中，株行距 3～4 厘米×13～15 厘米，或 5 厘米×6 厘米，每亩用种 400～450 千克，约播 50 万株。播后浇水，上覆细沙土 2～3 厘米。因青蒜上市时间不同，播期也有较大差异，一般北方地区国庆节至元旦上市的宜在 7 月下旬至 8 月上中旬播种，春节前后陆续上市的宜在 9 月上旬播种。高温季节播种，先将畦面浇足水分，待表土疏松时即可，要求浅播以利出苗，第二天清晨再浇一次水，畦面撒一薄层细土，并盖一层厚 3 厘米左右麦秸，搭架遮阴（有条件的可用遮阳网），保墒降温，减少蒸发，同时可防止大雨冲击，确保出苗和正常生长；晚播蒜宜开沟浅播，浇足底水后覆薄层熟土，再盖一层麦草，不需搭架遮阴。

5. 播种后管理 播种后出苗前，白天温度控制在 23～25℃，夜间 18℃，土温 18～20℃。苗高 3～5 厘米时，白天保持 20～22℃，夜间 16～18℃。苗高 30 厘米时，温度保持 16℃，收获前温度降至 10～15℃。青蒜生长期间一般不追肥，但冬末春初因蒜瓣经过冬贮后营养消耗，往往生长后劲不足，常造成蒜苗落黄，每亩可用尿素 1～1.5 千克，兑水 300 千克浇施，浇后随即喷清水洗净蒜叶上的肥液，以免造成烧苗。

6. 及时收获 一般青蒜播种后 60～80 天，在地下鳞茎未形成时，苗高达 35～40 厘米采收，过迟或组织老化、纤维增多，食用价值降低。也可根据市场需求陆续收获上市。收获时可根据播种期先后和长势强弱，分期分批采收。收获方式有两种，一种是刀割青蒜，待伤口愈合后及时追肥，养好下茬青蒜；也可采用隔行或间株起刨青蒜，多数均采用分批分次连根刨起。

7. 贮运方法 蒜苗叶面积大，柔嫩多汁，组织分散，生理活性强，易蒸发萎蔫，不耐贮运。一般就近生产，就近鲜销。短期存放的适宜条件是温度为0℃、相对湿度95％。

三、蒜薹设施栽培

蒜薹设施栽培与大蒜（头）设施栽培总体生产情况类似，多以地膜覆盖栽培，生产上少有日光温室、钢架大棚及简易棚等设施栽培。其主要栽培技术如下：

1. 选择适宜品种 选择根系发达、茎盘大、假茎粗、叶片宽厚、抽薹早、蒜薹粗大、色泽绿、辣味浓、蒜头外观颜色一致、瓣数相近且均匀饱满的品种，如四川二水早、云顶早、青龙白蒜、苍山大蒜、宁陵早蔓等。播种前将饱满、无病斑虫蛀的蒜瓣消毒。可先用清水泡种24小时，然后用代森锌或托布津500倍液浸种40分钟；也可用0.5千克生石灰兑水40千克，取澄清液浸种24小时，再用1千克硫黄粉拌种50千克即可播种。栽培早蒜薹，播种期要比常规栽培提前10天左右。

2. 精细整地 土壤经深翻并整细、整平，做到上虚下实，畦面平整，然后按2米规格放线，作宽1.8米的畦面，两边开挖宽20厘米、深15厘米丰产沟，以利灌溉。底墒不足的，要浇足底墒水。结合整地每亩施土杂肥4 000～5 000千克或腐熟有机肥2 000～2 500千克、饼肥150～200千克及尿素20千克，过磷酸钙50～60千克，硫酸钾25～30千克，或大蒜专用肥150千克。总之，通过施肥整地，为薹蒜创造一个肥沃、性暖、疏松的良好土壤环境。

3. 适期播种，合理密植 早薹蒜必须适期早播，使其冬前形成6叶以上健壮大苗。北方地区9月中下旬、苏北地区9月上中旬、长江流域9月下旬至10月中旬、华南地区8月上中旬播种。播前喷除草剂，并用宽2米、厚0.004毫米的地膜覆盖。将选好的蒜种先用井水浸泡 12～16 小时，捞出后再用 10％石灰水浸泡 30 分钟，再用 0.2％磷酸二氢钾水溶液浸 4～6 小时，捞出后按行距 18～20 厘米、株距 7～8 厘米播种，播深 3～4 厘米，每亩栽 40 000～50 000 株，肥地宜稀，薄地宜密。

4. 科学管理

（1）及时破膜放苗 9 月中下旬，气温、地温尚高，天气干旱，应及时浇水。出苗时应及时破膜领苗。对不能自行破膜的幼苗要及时进行人工辅助出苗，用小铁丝弯成小钩破膜。

（2）加强肥水管理 严冬到来前及时浇好越冬水，使蒜苗安全越冬，促进花芽分化。根据天气变化情况浇一次越冬水，黑龙江在 10 月下旬，华北平原在小雪前后，苏北地区在大雪前后。翌年初春浇返青水，黑龙江 4 月上旬，华北地区 3 月中旬，苏北地区 3 月上旬，并结合浇水追施氮素肥料，特别要重施薹肥，孕薹肥提早到烂母前 5～7 天追施，促薹分化。在露尾前 10～15 天重施薹肥。每亩追尿素 15～20 千克或大蒜专用肥 15～20 千克，露尾后喷施微肥，叶面喷施 0.4％～0.5％磷酸二氢钾溶液和 150 毫克/升赤霉素，促薹快速生长。采薹前 3～5 天停止浇水。

（3）适时采收 当蒜薹弯曲似秤钩，薹苞明显膨大，颜色由绿转白，薹近叶鞘又有 4～5 厘米长变成黄色时，即可采收。

四、简易大棚早薹蒜栽培

应用简易大棚或钢架大棚生产早薹蒜的区域主要集中在长江以北至华北地区（北纬 35°～38°之间）。其主要栽培技术如下：

1. 品种选用 选用薹瓣兼用，且植株长势旺、抽薹早的品种。如早薹蒜 2 号、四六瓣等红皮品种。

2. 播种技术

（1）选地 大蒜对土壤适应性较强，除盐碱沙荒地外都能生长，由于根系浅，以富含有机质、肥沃的沙质壤土或壤土为宜。

（2）整地施肥 基肥以有机肥为主，因地膜覆盖栽培大蒜施肥不便，加之养分淋溶减轻，在播前除每亩施腐熟优质圈肥5 000千克外，还应施入氮磷钾复合肥50千克。

（3）精选蒜种　蒜种大小与产量有密切关系。蒜种愈大，长出的植株愈苗壮，所形成的鳞茎愈肥大，因此收获时要选头，播种时要选瓣。选择标准是：蒜瓣肥大，色泽洁白，无病斑，无伤口，百瓣重400克以上。剥皮播种利于发芽、长根。

（4）播种　大棚早薹蒜适宜播期为9月下旬，播期过晚易导致产量下降、抽薹过晚，而且独头蒜多，二次生长严重，影响商品价值。大蒜栽培采用平畦，畦宽1.5米，每畦8行，株距8～10厘米。播种时，将大蒜瓣的弓背朝畦向，使大蒜叶片在田间均匀分布，采光性能良好，播后覆土2厘米，浇透水。每亩播种35 000～40 000株。播种后3～5天，每亩喷洒33%除草通乳油150克，然后覆盖地膜。

3. 扣棚及管理

（1）扣棚时间　扣棚适宜时间为12月中下旬。过早，春化过程不能完成；过晚，影响早熟。在晴朗无风天气进行，以免损坏棚膜，尽量选择无滴膜。为提高大棚内温度，可加盖草帘，以利蒜苗生长。

（2）浇水追肥　扣棚后应及时浇水追肥1次，每亩追施尿素20千克，以利缓苗。用辛硫磷等药剂结合浇水进行灌根，防治蛆害。天气晴好、棚内温度高于25℃时应适当放风，以防大蒜徒长、蒜薹细小。蒜苗返青后，植株进入旺盛生长期。此时，对肥水的需求显著增加，以后每隔6～7天浇水1次。当新蒜瓣、花芽形成以后，需要钾肥量增加，每亩追施钾肥15千克。采薹前5～7天停止浇水，利于采收，以免蒜薹脆嫩折断。蒜薹全部采收完后，及时浇水，保持土壤湿润，以供给鳞茎膨大所需要的水分，降低地温，避免叶片早衰。大蒜采收前5～7天停止浇水。

4. 收获　及时采收蒜薹不仅能获得质地柔嫩的产品，同时还能节省养分，促进鳞茎迅速膨大。一般3月底至4月初，蒜薹露出叶口 10 厘米左右、打弯成 90°时，是蒜薹收获适期。采薹过早易降低产量，过晚纤维素增多，降低品质。采薹应在晴天午后茎叶出现萎蔫时进行，此时蒜薹韧性较强，不宜抽断，尽量不要损伤叶片和叶鞘，以免影响养分输送，降低鳞茎产量。

五、蒜黄设施栽培

大蒜在无光和一定温湿度条件下，利用蒜瓣自身的养分培育出叶片柔嫩、颜色淡黄到金黄、味香鲜美的蒜苗（即蒜黄），这种栽培方式称为软化栽培。蒜苗软化栽培以北方为多，华北一带常用地窖或半地下式薄膜温室等软化，苏北和山东等地多采用露天（挖窖）、阳畦、薄膜拱棚或室内栽培。

1. 栽培季节 蒜黄生长期较短，每茬 20~30 天，每季收割 2~3 茬，整个栽培季节可生产 4~5 季。每年 9 月至翌年 4 月均可生产。地窖栽培，11 月上旬至次年 1 月下旬或 12 月上旬至次年 2 月下旬；温室软化栽培，从 10 月上旬至次年 2 月下旬或 10 月下旬至次年 4 月上旬随时可播种。

2. 蒜种选择 蒜黄生长所需营养主要来自蒜瓣。因此，种蒜必须选蒜头大、瓣少而肥大的品种。如北京、天津、河北保定等地，宜选择当地紫皮蒜为宜，南方以当地白皮大蒜为好。夏末初秋早期生产时，还要注意选用休眠期短的品种，同时要选用发芽势强、出黄率高且蒜黄粗壮的一级大瓣，并剔除小瓣和霉变受伤蒜瓣。

3. 栽培方式 蒜黄秋、冬、春季均可栽培。秋季温度较高，宜露天遮阴或室内避光栽培；冬、春温度低，应选择背风向阳的保护地（塑料薄膜日光温室、塑料阳畦等）及地窖内遮光保（加）温栽培。华北及以南地区（北纬 38℃以南地区）宜选择日光温室、大棚进行半地下畦或平地建蒜黄池栽培；北纬 38℃以北地区，宜选择日光温室电热温床和酿热温床栽培，或进行窖式栽培生产蒜黄，也可根据当地环境选择室内避光和多层架式栽培等。

4. 设施建造和排种 大田保护地栽培先建宽 4～6 米、高 1.5 米、长 20～30 米塑料棚，上面用两层塑料薄膜，中间加一层 20 厘米厚稻麦草。塑料棚为半地下式，苗床向下挖 30 厘米，挖的土堆在棚四周以利保暖。作 1～2 米宽畦（以方便操作为准），然后铺一层 6 厘米厚细沙土或沙质土壤。室内畦栽或窖床栽培，先铺 10 厘米厚菜园土，上铺 5 厘米厚细沙土，并喷小水，使 5 厘米表土浸湿。把蒜种（蒜瓣）用清水浸泡 18～24 小时，吸足水分后，一头紧挨一头或一瓣紧挨一瓣排栽在栽培床内，若蒜头过小，也可将蒜头掰成两半，去掉盘踵，直接排在床内，一般每平方米用种 15～20 千克。注意栽蒜时蒜头顶部要齐，植株长大后高低一致，便于收割，然后用木板压平，上覆一层细沙土，盖住种蒜，最后浇足水，上覆塑料薄膜，待露芽后撤掉薄膜。

5. 科学管理

（1）水肥管理 播后出芽前，棚（窖）内空气相对湿度 85%～90%，中期适当降低至 70% 左右。从播种到采收完毕一般需浇 3～4 次水，前期略多，后期略少。栽后要立即浇水，以土充分潮湿且不积水为度。浇水后若发现沙土下沉，露出蒜瓣，应及时覆盖。出苗后要保持坡面湿润。视具体情况再浇水 2～3 次。苗床应保持湿润，但不宜积水，10～15 天喷一次 0.1% 磷酸二氢钾或 1% 尿素液。

（2）温度管理 播种后出芽前温度控制在 20～25℃，出苗至 25～30 厘米时温度保持在 16～20℃，收割前 1 周控制在 15℃ 左右。利用节能日光温室进行蒜苗栽培，应掌握前高后低的控温原则。要求前期温度略高，一般白天保持 26～28℃，夜间 18～20℃，以利早出苗、出苗齐。出苗后，视植株生长具体情况逐渐降低温度。到苗高 25～30 厘米时，要求白天 20℃ 左右，夜间 14～16℃。要严防生长后期湿度过高，以免造成株间发热而引起蒜黄腐烂。

（3）光照管理　蒜黄需要避光或半遮光栽培，在光照管理上应以不见或少见光为原则。日光温室、大棚内生产蒜黄，待苗高15～17厘米时，开始用黑色薄膜或草帘等遮盖进行黄化（软化）栽培；窖栽蒜黄，栽后7天内放下草帘，遮光保温，苗高10厘米左右时，每天保持1～2小时弱光。栽后12～15天，每天2～2.5小时弱光照。若蒜黄在生长后期呈雪白色，可在收割前几天的晴天中午揭开草帘或黑色薄膜，让蒜黄见光数天，即可改善其色泽和品质。

6. 及时收获　一般栽培15～20天，蒜黄高30～40厘米时，可用利刀从靠近土表处收割第一刀，清洗整理后即可上市。间隔15～20天又可收割第二刀上市。每次收割待伤口愈合后浇足水，并随水施入0.5％尿素和0.05％磷酸二氢钾，促进下茬蒜黄快速生长，一般可连续采收3茬。大约每千克蒜种可收获蒜黄1.5千克左右。

第四节　大蒜病虫草害防治

一、大蒜主要病害及防治

1. 大蒜紫斑病　又称黑腐病。田间主要危害叶片和蒜薹，贮运期间危害鳞茎。田间发病多从叶尖或花薹中部开始，初为白色，少病斑，稍凹陷，中央微紫色，扩大后为椭圆形至纺锤形、黄褐色。湿度大时，病斑上面产生黑色霉状物，常形成同心轮纹，易从病部折断。贮运期间鳞茎受害，常从鳞茎颈部开始变软腐烂，呈深黄色或红色。

本病对环境条件要求不严，一般阴湿多雨、田间积水、肥料缺少、管理不善、生长衰弱地块易发病。

防治方法：①施足基肥。加强田间管理，增强寄生抗病力。②实行2年以上轮作。③选用无病种子，必要时种子用40％甲醛 300 倍液浸 3 小时，浸后及时洗净。鳞茎可用 40～45℃温水浸 1.5 小时消毒。④发病初期喷洒 75％百菌清可湿性粉剂 500～600 倍液或 64％杀毒矾可湿性粉剂 500 倍液、58％甲霜灵·锰锌可湿性粉剂 500 倍、50％扑海因可湿性粉剂 1 500 倍液，隔 7～10 天 1 次，连续 3～4 次，均有较好效果。此外，喷施 2％多抗霉素可湿性粉剂 30 毫克/升，也有效。⑤适时收获，低温贮存，防止病害蔓延。

2. 大蒜叶枯病 近几年来生产上发生较重。主要发生于叶及花梗上。叶片发病多由叶尖开始扩展蔓延，病斑初期为花白色小圆点，扩大后呈不规则形状或椭圆形。表现为灰白色或灰褐色，并且病部由此而生黑色霉状物，严重时病叶枯死。如花梗受害，容易从病部折断，最后在病部散生出许多黑色小点粒，造成大蒜不易抽薹。大蒜叶枯病发生在平原地带和低山区海拔 1 200 米以下，3 月下旬发病，5 月中旬危害重，造成大蒜叶片提前枯死，品质变劣，产量降低。主要以菌丝体或子囊壳随病残体遗落土中越冬，翌年散发出子囊孢子引起初侵染后，病部产出分生孢子进行再侵染。该菌系弱寄生菌，常伴随霜霉病或紫斑病混合发生。

防治方法：①及时清除田间病叶，减少菌原量。②加强间管理，采取配方施肥，增强寄主抗病性。③雨后及时排水，适当浇水，控制田间湿度。④发病初期可用 75％百菌清可湿性粉剂 600 倍或 50％扑海因可湿性粉剂 1 500 倍液、80％乙磷铝可湿性粉剂 500 倍液、14％络氨铜水剂 300 倍液、90％多菌灵胶悬剂 600 倍液、70％甲基托布津可湿性粉剂 800 倍液喷雾，一般从 9 月上中旬开始，每隔 10 天喷 1 次，连续 2～3 次。适当加入微肥或激素防效更显著。

3. 大蒜灰霉病 多发生于植株生长后期，先从下部老叶尖端开始。病斑初呈水渍状，继而变白色至浅灰褐色，并由尖向下发展，病斑扩大后呈梭形椭圆形。后期病斑愈合成长条形灰白色大斑。病斑两面均生稀疏灰褐色霉状物。发病严重时,可由老叶逐渐向叶鞘及上部叶蔓延,直到整株叶上,并造成叶鞘甚至地下鳞茎腐烂、组织崩溃,后干枯成灰白色,易拔起,病部可见灰霉及菌核。本病病原为半知菌亚门葡萄孢属葱鳞葡萄孢菌。该病菌可于田间杂草及病残体上越冬。一般地势低洼排水不畅、易积水地块易发病。此外,偏施氮肥,植株徒长也极易引发病害。

防治方法:①及时清除被害叶和花薹。②适期播种,加强田间管理,合理密植,雨后及时排水,提高寄主抗病能力。③于发病初喷洒75%百菌清可湿性粉剂 600 倍液或 50%扑海因可湿性粉剂 1 500 倍液、64%杀毒矾可湿性粉剂 500 倍液、50%琥胶肥酸铜可湿性粉剂 500 倍液、60%琥·乙膦铝可湿性粉剂 500 倍液、77%可杀得可湿性微粒剂 500 倍液、14%络氨铜水剂 300 倍液、1∶1∶100 波尔多液,隔 7～10 天 1 次,连续防治 3～4 次。

4. 大蒜灰叶斑病　主要危害叶片。病斑长椭圆形,大小 4～7 毫米×1～3 毫米。初呈淡褐色,后变灰白色,叶两面病斑生微细灰黑色霉状物,即病菌子实体,严重时病斑汇合,致叶片局部枯死。

防治方法:①收获后及时清除病株、集中烧毁或深埋。②加强田间管理,配方施肥。③发病初期开喷洒 75%百菌清可湿性粉剂 600 倍液或 50%扑海因可湿性粉剂 1 000～1 500 倍液,隔 10 天左右 1 次,连防 1～2 次。

5. 大蒜干腐病　整个生育期及贮运期均可发病,尤以贮运期发病严重。田间发病时叶尖枯黄,根部腐烂,切开鳞茎基部,可见病斑由内向上蔓延,病部呈半水渍状腐烂,发展较慢。贮运期发病多从根部开始,蔓延至鳞茎基部,使蒜瓣变黄褐色干枯,病部可产生橙红色霉层。本病病原为真菌,以菌丝及厚垣孢子在土壤中越冬,从伤口侵入植株体内,发展适温 28～32℃(因而在高温高湿下发病严重),贮运期间温度高于 28℃时易腐烂,低于 8℃发病轻。

防治方法：发病地块，实行 3 年以上轮作；选无病充实饱满蒜种，及时防虫，减少伤口，避免田间积水，降低发病期间田间湿度，发病初期及时喷洒 50％甲基托布津 1 000 倍液或 75％百菌清 600 倍液，贮运时温度低于 8℃。

6. 大蒜锈病　主要侵染叶片和假茎。病部初期梭形褪绿斑，后在表皮下现出圆形或椭圆形稍凸起夏孢子堆，表皮破裂后散出橙黄色粉状物，即夏孢子，病斑四周具黄色晕圈，后病斑连片致全叶黄枯，植株提前枯死。生长后期在未破裂的夏孢子堆上产出表皮不破裂的黑色冬孢子堆。

防治方法：选用抗、耐病品种。避免葱蒜混种，减少病源侵染。发病初期用 15％三唑酮可湿性粉剂 1 500 倍液或 20％三唑酮乳油 2 000 倍液隔 10～15 天防治 1 次，连防 2～3 次。

7. 大蒜煤斑病　主要危害叶片。初生苍白色小点，逐渐扩大后形成以长轴平行于叶脉的椭圆形或梭形病斑，中央枯黄色，边缘红褐色，外围黄色，并迅速向叶片两端扩展，尤以向叶尖方向扩展的速度快，致叶尖扭曲枯死。病斑中央深橄榄色，湿度大时呈茸毛状，干燥时呈粉状。病害流行时一张叶片往往有数个病斑，致全株枯死。

防治方法：施用氮磷钾全效性有机肥，或增施钾肥及腐殖质肥，加强田管，提高大蒜抗病力。药剂防治可选用 65％代森锌可湿性粉剂 400～600 倍液或 1：1：10 波尔多液，于发病初期隔 7～10 天防治 1 次，连防 2～3 次。

8. 霜霉病　主要危害植株叶片和花梗，病斑呈长椭圆形或卵形，浅黄色，稍凹陷。潮湿时病斑上产生白色霉层，干燥时则变枯斑。严重时全株枯死。花梗被害时，花梗病斑与叶斑相同。在病斑处易折花梗而后枯死。

防治方法：清洁田园，实行 3 年以上轮作制。在发病期可喷洒 40％乙膦铝 200～250 倍液或百菌清可湿粉剂 500 倍液、65％代森锌可湿粉剂 500 倍液，每周 1 次，连喷 3～4 次。

9. 疫病 根、茎、叶、薹等部位均可受害，以鳞茎被害最重。叶片及蒜薹多从下部开始发病。初为暗褐色水渍状，病斑横跨其上达 5～50 毫米，有时扩展到叶或薹的一半。病斑失水后有明显收缩，引起病叶或薹下垂腐烂。湿度大时病部产生稀疏灰白色霉状物。假茎上也产生此霉状物。鳞茎被害时，根盘部呈水渍状，浅褐或暗褐色腐烂，根部受害变褐腐烂。

防治方法：选择地势较高地块，做好田间排涝，实行轮作制。在发病期间用 25％甲霜灵粉剂 600 倍液或 40％乙膦铝可湿粉剂 150～200 倍液、58％甲霜锰粉剂 500 倍液，每公顷用药液 600～750 千克。每隔 7～10 日 1 次，连施 2～3 次。

10. 白腐病 先从外叶尖部开始条状发黄，以后发展到叶鞘，再向内叶发展。病株发育不良，到后期全株发黄枯死。初期叶鞘和鳞茎表皮产生水渍状病斑，有明显灰白色菌丝层，不久白色腐烂。以后菌丝层中产生芝麻粒黑色小菌核，最后鳞茎变黑腐烂。

防治方法：经常检查田间病株，在病株未形成菌核前拔除深埋。实行 3 年以上轮作。播前用蒜种重量 1％的 50％甲基托布津可湿粉剂或 0.5％～1％药量的 50％多菌灵可湿粉剂拌种。

11. 根腐病 受害植株症状发展缓慢，地上部植株发育不良，只有下位叶变枯黄，全株不枯死，当病株枯死时，根须变红开始腐烂，只是根腐烂，茎叶不腐烂。引起鳞茎肥大不良，产量及品质降低。

防治方法：实行轮作，并用氯化苦进行土壤消毒处理。

12. 春腐病 多在越冬后返青蒜叶尖开始软化腐烂。随着症状发展全株发病腐烂。可发展达到鳞茎内部，但根保持健全原状。生育中后期多数从下部叶的叶鞘开始发病，逐渐向茎部腐烂发展扩大，有时腐烂达到新形成的鳞茎（蒜瓣）叶鞘，软化腐烂从中间折叠倒伏。从地面发病产生"裂头"现象，显著降低大蒜品质。在多湿时，病部吸水软化腐烂。但在干燥条件下，病部呈浅褐色或黄褐色，病势逐渐停滞。此病不像软腐病那样腐烂发臭。

防治方法：清除田间病株，消灭菌源，实行轮作制。在发病前喷洒预防性铜制剂，重点喷洒下部叶片。发病后喷洒药剂效果差。

13. 菌核病　由大蒜核盘菌侵染而致病。大蒜受害后先从外部叶片发病逐渐向内侵入危害。发病初期鳞茎以上外部叶片发黄，根系不发达，植株生长缓慢，后期整株逐渐枯黄，鳞茎腐烂枯死。湿度较大时，病部表皮下散生褐色或黑色小菌核。

病菌主要以菌核随病残体遗落土壤越冬。病害传播途径广，带菌的蒜种、雨水、土壤、病残体和土杂肥料等均可引起发病。翌年一般从3月上旬开始发病，3月下旬到4月上旬为发生盛期。此期间降水频繁，光照不足或大雨受涝积水易发病，病情趋势则重。反之，如春季干旱少雨，田间湿度小，发病则轻。另外，土壤类型和施肥种类对该病发生程度也有影响。砂姜黑土、质地黏重、透水性差，发病则重。氮肥施用量过大地块易感病。连作地块发病重。

防治方法：①选用瓣大无病蒜种，已发病地块不要作留种用。②不要用病残体如蒜秸蒜叶沤制土杂肥，避免施入田间带菌。③遇大雨田间积水时，要及时排水，如需浇水时，水量要适当，防止大水漫灌。④采用配方施肥，避免施入过多氮肥。⑤药剂拌种防效最为显著。每亩用50%速克灵可湿性剂50克拌蒜种200～250千克。具体方法是：将剥好的蒜瓣放在塑料薄膜上，将50%速克灵可湿性粉剂放入背扶式喷雾器中，加水2～2.5千克，边喷施边拌，将药液均匀洒在蒜瓣上，晾干后即可栽种。

14. 大蒜细菌性软腐病　大蒜染病后，先从叶缘或中脉发病，沿叶缘或中脉形成黄白色条斑，可贯穿整个叶片，湿度大时，病部呈黄褐色软腐状。一般基叶先发病，后逐渐向上部叶片扩展，致全株枯黄或死亡。

防治方法：发病初期喷洒 77%可杀得可湿性微粒粉剂 500 倍液或 50%琥胶肥酸铜可湿性粉剂 500 倍液、14%络氨铜水剂 300 倍液、72%农用硫酸链霉素可溶性粉剂 4 000 倍液，隔 7～10 天防治 1 次，视病情连续防治 2～3 次。

15. 大蒜花叶病毒病　"种蒜"（鳞茎）带毒，在栽种的蒜瓣出苗后 1 周左右就开始出现不同程度的病毒症状，表现为叶尖发黄干枯，以后症状从叶尖逐渐向叶片下部发展，叶片出现黄绿相间条纹，也可出现大小不一碎黄点或枯斑。栽种 2 个月左右，病情发展较为严重，在集中成片栽种大蒜的地区，这段时间蒜苗就像成熟的大蒜那样发黄。植株矮化，且个别植株心叶被邻近叶片包住，呈卷曲状畸形。病株鳞茎变小，或蒜瓣及须根减少，严重时蒜瓣僵硬，染病大蒜产量和品质明显下降，造成种性退化。农民称黄叶病或"矮缩病"。病毒粒体为 700～800 微米。以鳞茎、汁液、蚜虫、蓟马及线虫等传毒。

16. 大蒜潜隐病毒病　大蒜潜隐病毒侵染大蒜植株引起的病害。田间病株不表现出任何带毒症状，即无症带毒，并不影响产量。但在自然条件下，该病毒多与大蒜花叶病毒混合侵染植株，被侵染病株常呈现出系统花叶症状。病毒粒体 580～720 微米。以鳞茎、汁液和蚜虫等传毒。

17. 大蒜黄矮病毒病　大蒜黄矮病毒侵染大蒜植株引起的病害。田间病株新叶出现淡黄花条纹，叶片扭曲下垂，叶面不平，植株矮化，根系发育不良。病毒粒体 800～850 微米。该病毒主要以鳞茎、汁液、线虫及蚜虫等传毒。

18. 大蒜褪绿条斑病毒病　大蒜褪绿条斑病毒侵染大蒜植株引起的病害。田间病株呈现出明显黄色褪绿条斑，有不同程度植株矮化，瘦弱纤细，叶片蜡质消失而无光泽，呈现半卷曲状。有时上下叶片捻在一起卷曲成筒状，心叶不能抽出。一般不能抽薹，轻毒病株抽薹后，蔓上有明显褪绿块斑。根系发育不良，根须短而少，黄褐色。病毒粒体 700～950 微米。该病毒主要以鳞茎、汁液、蓟马及蚜虫等传毒。

19. 大蒜黄条斑病毒病　大蒜黄条斑病毒侵染引起的病害。田间病株呈现出明显黄条斑状褪绿花叶，叶片扭曲畸形。病毒粒体 600～700 微米。

20. 大蒜退化病毒病　大蒜退化病毒侵染大蒜植株引起的病害。田间病株特别矮小，心叶停止生长，叶片扭曲畸形。病毒粒体 700～800 微米。主要以鳞茎、汁液及蚜虫等传毒。

二、大蒜主要虫害及防治

1. 蒜蛆　又称地蛆、根蛆。是灰地种蝇和葱地种蝇的幼虫，属双翅目花蝇科。以幼虫群集为害蒜头，从根茎间侵入，多向上咬食 2～3 厘米，致使腐烂，自下部叶片起，叶尖枯黄至中部，呈黄白条纹，影响大蒜生长发育，受害蒜头多呈畸形或腐烂，重者全株枯死。幼虫活动性强，可在土中转株为害。一年发生 2～4 代，以蛹在土中越冬，成虫幼虫也可越冬。成虫产卵喜欢选择干燥的地块，大蒜栽种后或在成虫产卵盛期不能及时浇水，则落卵量大增，幼虫也喜欢干燥土壤，降雨和灌溉可减轻其危害。蒜蛆成虫对未腐熟的粪肥及发酵的饼肥均有强趋性。故施用未腐熟的粪肥、厩肥或发酵的饼肥易招致其产卵，危害重。

防治方法：①科学运筹肥水。灌施草木灰，施用充分腐熟的有机肥，施后及时翻土，种肥分离，勤浇水。北方蒜区播种和苗期要保证供水充足，土壤墒情不足时要带水播种。出苗后浇好"满月水"，烂母前适时浇水、追肥，缩短烂母过程。②精选蒜种。适期播种，应选用无伤、无病大瓣种，适期播种，培育壮苗。③糖醋诱杀成虫。诱液用红糖 1 份、醋 1 份、水 2.5 份，加入少量锯末和敌百虫拌匀，放入诱蝇器内，7～8 天更换一次诱液，成虫数量突增时即为盛发期，应及时用药防治。④灯光灯杀成虫。大蒜产区可推广使用频振式杀虫灯诱杀成虫，控制危害。⑤防治成虫可选用 90％晶体敌百虫 1∶1 000 倍液或 80％敌敌畏乳油 1∶1 500 倍液喷雾；防治幼虫可用 48％乐斯本乳油 1∶1 500倍液或 50％辛硫磷乳油 1∶1 000 倍液，灌根或喷淋茎基部；也可每亩用 1.1％苦参碱粉 30～40 克混入适量细土撒施后浇水。

2. 蓟马 食性杂，成（若）虫锉吸式口器吸食叶汁，使蒜叶形成许多细密的灰白色条斑，严重时叶片扭曲，叶尖枯黄变白。以成虫、若虫在未收获的寄主叶鞘、杂草、残株间或附近的土里越冬，翌春成（若）虫开始活动危害。成虫活泼善起，可借助风力传播扩散，怕光，喜欢温暖和较干旱环境条件，白天多在叶背或叶腋处，阴天和夜里到叶面上活动取食。

防治方法：早春清除田间杂草和残株落叶，集中处理，压低越冬虫口密度。平时勤浇水、除草，可减轻危害。药剂防治：可喷洒 0.3％苦参碱水剂 1∶1 000 倍液或 80％敌敌畏乳油 1∶1 500倍液、50％辛硫磷乳油 1∶1 500 倍液、21％灭杀毙乳油 1∶1 500 倍液、20％复方浏阳霉素乳油 1∶1 000 倍液。

3. 蚜虫 大蒜蚜虫有桃蚜、葱蚜。蚜虫吸食蒜叶汁液，常造成蒜叶卷缩变形，褪绿变黄而枯干，同时传播大蒜花叶病毒，导致大蒜种性退化。食性杂，在寄主间频繁迁飞转移，常给防治带来困难。与十字花科和茄科植物邻作或近村庄、桃、李树种植的蒜田，蚜虫发生严重，间（套）种小麦、玉米的蒜田，蚜虫发生迟，危害轻。蚜虫对黄色、橙色有强烈的趋性，对银灰色有负趋性。

防治蚜虫宜及早用药，将其控制在点片发生阶段。①利用蚜虫对黄色有较强趋性的原理，在田间设置黄板，上涂机油或其他黏性剂吸引蚜虫并杀灭。②利用蚜虫对银灰色有负趋性的原理，在田间悬挂或覆盖银灰膜，每亩用膜 5 千克，在大棚周围挂银灰色薄膜条（10～15 厘米宽），驱避蚜虫。③利用银灰色遮阳网、防虫网覆盖栽培。④药剂防治可喷洒 10％吡虫啉 1 000 倍液或 2.5％功夫菊酯乳油 3 000 倍、80％敌敌畏乳油 1 000 倍液。

4. 潜叶蝇　潜叶蝇已经成为大蒜的主要虫害，不容忽视。潜叶蝇俗称叶蛆，以幼虫钻蛀大蒜心叶和叶鞘，蛀食叶肉和表皮，形成弯曲的灰白色潜道，重者蒜株干枯死亡。一年发生多代，世代重叠普遍。在东北和淮河以北地区以蛹在被害叶内越冬，在长江以南、南岭以北地区以蛹越冬，少数以幼虫和成虫越冬。在江苏蒜区，2月下旬开始为害，4月中旬至5月中旬为害严重。

防治方法：①消灭虫源。大蒜收获后及时处理残株枯叶，控制越夏基数。②合理布局。不与春秋有蜜源的作物间套种或邻作，控制成虫补充营养，降低其繁殖力。③科学施肥。推广大蒜专用肥，培育壮苗，降低成虫落卵量，减轻其发生危害。④药剂防治：始见幼虫潜蛀时，喷洒48%乐斯本乳油1 000倍液或1.8%爱福丁乳油1 000倍液、10%烟碱乳油1 000倍液、10%氯氰菊酯乳油2 000倍液。视虫情5～7天防治1次，连防2～3次。

5. 大蒜象鼻虫　大蒜象鼻虫即咖啡豆象，是蒜头贮存期的主要害虫。成虫体长2.5～4.5毫米，长椭圆形。头顶宽而扁平，喙短而宽。复眼黑色。触角棒状，前服饰背板梯形，前缘向前缩成圆形，后缘和两侧缘基角尖锐。卵椭圆形，初光亮乳白，后呈透明状。幼虫共3龄。老熟幼虫体长4.5～6.0毫米，近蛴螬形，乳白色或乳黄色。头大而圆，不缩入前胸，淡黄色。胸足退化。裸蛹，乳黄色。

江苏一年发生3～4代，以幼虫在蒜头、枯棉铃和玉米秆里越冬。越冬代、第1代和第2代成虫期分别在5月下旬至6月下旬、7月中旬至8月中旬和9月中旬至10月中旬。2代幼虫少量滞育越冬，3代幼虫大量滞育越冬，少数孵化早的幼虫能发育成第4代成虫（不能越冬）。越冬代成虫盛发时，正值蒜头收藏期，大量飞到蒜头上产卵，1、2代成虫陆续在蒜头上产卵繁殖、为害，蒜蒂被蛀空极易散瓣。成虫性活泼，有假死性、趋光性和向上转移的习性。主要产在潮湿蒜头的根蒂部,极少产在蒜梗上。产卵期可持续 1 个月左右,初孵幼虫在寄主组织里边咬食边钻蛀,老熟后在寄主组织内筑蛹室,后脱皮成蛹。

防治方法:①农业防治。压低虫源,收购蒜头(7 月中下旬)或工厂加工蒜头时、秋播前,注意将整理下来的蒜蒂、蒜梗等残物处理掉,除了深埋、沤肥外,更经济有效的是将这些残物粉碎,加工成饲料添加剂。玉米秆、棉花秸(枯铃)等越冬寄主尽量在来年收蒜前处理掉;大蒜收获时,有条件的用机械方法快速干燥,减少越冬代成虫落卵量;采用地膜覆盖等促早熟措施,使收蒜期与越冬代成虫产卵期错开。②药剂防治。蒜头收获、晾晒、挂(堆)藏过程中,可采用高效、低毒、低残留、击倒性强、药效期较长的农药(如拟除虫菊酯类杀虫剂),或具忌避作用的农药喷雾。

6. 线虫 线虫为害新叶,不能开展,不定向弯曲,卷缩折叠、畸形矮化,叶扭曲状。鳞茎变粗而短。鳞茎外部变褐并破裂,鳞茎内部向外膨胀露出,形成"破腹"症状。在蒜头形成期间受害时,鳞茎盘上的蒜瓣腐烂脱皮,呈现出裸露蒜头或蒜头腐烂。根系不长或发沤,用手一拽根即脱落。常与缺肥水或病毒病和根蛆为害相伴发生,线虫在地下肉眼不易识别。

防治方法:清洁田园,消灭越冬虫源。实行 3~4 年轮作制。适时灌溉并翻晒,播前对蒜苗进行大水漫灌,以增加土壤湿度造成缺氧环境,使线虫窒息而死,同时还应进行多次翻耕,暴晒土壤杀死线虫。结合防治根蛆,用辛硫磷灌根兼治,或使用苦参杀虫剂。

三、大蒜田杂草及防治

蒜田草害种类多、发生早、发生量大、危害期长,防除难度大,应以农业防除和化学防除技术相结合。

1. 农业防除

(1) 深翻整地 将表土层杂草种子翻入 20 厘米以下,抑制出草。同时，请除深层翻上来的草根（如小旋花等）。

（2）合理密植 依栽培方式和收获目标不同，合理密植，创造一个有利于大蒜生长发育而不利于杂草生存竞争的空间环境。

（3）轮作换茬 一般有条件的地区可实行 2～3 年一周期的水旱轮作，水源缺乏的半干旱地区可实行旱茬轮作换茬。

（4）覆草 秋播蒜时覆 3～10 厘米厚麦秸或稻草、玉米秸、高粱秸等，不仅能调节田间温、湿度和改土肥田，而且能有效抑制出草。

（5）使用除草地膜 地膜蒜田草害严重，应大力推广除草药膜和有色（尤其是黑白双色）地膜，使增温保墒与除草有机结合。

2. 化学防除 蒜田使用除草剂。播后苗前和 2 叶以后进行土壤处理，蒜苗 1 叶 1 心期至 2 叶前禁喷药。

（1）禾本科杂草防除 大蒜播后苗前，每亩用 48％氟乐灵 200～250 毫升或 33％除草通 200～250 毫升、50％大惠利 120～140 克、200 毫升绿麦隆与 80 毫升氟乐灵混合兑水 40～60 千克均匀喷雾。

（2）莎草化学防除。大蒜播后苗前，每亩用 50％莎扑隆 450～800 克，兑水 50 千克均匀喷雾；也可在播前喷药，混土后播蒜。

（3）阔叶草化学防除

①大蒜播后苗前，每亩用 50％扑草净 80～100 克，兑水 30～50 千克均匀喷雾，防除牛繁缕、猪殃殃、婆婆纳、大巢菜等阔叶草，要求墒情好。用量加大时也可除禾本科杂草及莎草，但安全性差，特别是沙质土蒜田易发生药害。

②在小旋花苗 6～8 叶期（避开大蒜 1 叶 1 心至 2 叶期），每亩用 25％噁草灵 120 毫升或 24％果尔 50 毫升、40％旱草灵 100 毫升、37％抑草宁 170 毫升，兑水 50～60 千克均匀喷雾。

③在繁缕、卷耳等石竹科杂草子叶期，每亩用 24％果尔 66

毫升或 40%旱草灵 100 毫升，兑水 40～50 千克均匀喷雾；也可在大蒜播后苗前，每亩用 50%异丙隆 200～250 克，兑水 50 千克均匀喷雾；或在大蒜立针期，用 37%抑草宁 140 毫升，兑水 50 千克均匀喷施。

（4）禾本科杂草＋阔叶草化学防除　在大蒜播后苗前，每亩用 50%异丙隆 150～200 克或 25%绿麦隆 300 克，兑水 50 千克均匀喷雾，要求土表湿润。若绿麦隆每亩大于 400 克，对大蒜和稻蒜轮作区后茬水稻均有药害。

（5）禾本科杂草＋莎草＋阔叶草化学防除　在大蒜播后至立针期（以禾本科杂草为主）或大蒜 2 叶 1 心至 4 叶期（以阔叶草为主，且 4 叶期以下），每亩用 40%旱草灵 75～125 毫升或 37%旱草灵 100～140 毫升、24%果尔乳油 48～72 毫升、37%抑草宁 100～150 毫升，或大蒜播后至立针期，每亩用 25%恶草灵 100～140 毫升，兑水 40～60 千克均匀喷雾，要求土壤湿润。果尔和恶草灵用后蒜叶出现褐色或白色斑点，但 5～7 天即可恢复，对大蒜无不良影响。

（6）地膜蒜田杂草防除　在播种、漫水并待水干覆土后，每亩用 33%除草通 150～200 毫升或 24%果尔 36～40 毫升、37%旱草灵 60～80 毫升、37%抑草灵 90 毫升，兑水 50 千克均匀喷雾，然后盖膜。

第四章

洋葱设施栽培技术

第一节　洋葱生物学特性

一、植物学特征

洋葱植株包括管状叶身、由多层叶鞘相互抱合而成的"假茎"、由多层鳞片和幼芽及短缩茎盘共同组成的肥大鳞茎。茎盘基部为须根（图4-1）。

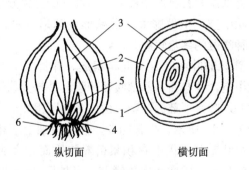

纵切面　　　　　　　横切面

图4-1　洋葱鳞茎切面

1. 膜质鳞片　2. 开放性肉质鳞片

3. 闭合性肉质鳞片　4. 茎盘　5. 叶原茎　6. 不定根

1. 根　洋葱根系是由弦线状不定根构成的须根系，根系不发达，无主根，着生于短缩茎盘的基部。根系较弱，几乎无根毛，主要根系入土深度和横展直径30～40厘米，在耕层浅的土壤中形成浅根性根群。在疏松深厚的土壤中，最长根的延伸可接近100厘米左右。根系耐旱性较弱，吸收肥水能力也不强。根系生长温度较地上部低，土壤10厘米地温达到5℃时，根系即开始生长，10～15℃最适宜生长，24～25℃时根系生长缓慢。

生育初期，根的扩展较为缓慢，在温暖地区，秋栽葱头的根系1～2月份缓慢生长，从3月下旬起，根部生长比较活跃，4月份达到最高峰，5月下旬根系生长开始衰退，后期生长速度缓慢，到收获前趋于停滞状态。

洋葱根系生长与地上部生长具有一定的相关性，根系强弱直接影响茎叶生长和鳞茎膨大。在叶部进入旺盛生长期之前，首先出现的是发根盛期。因此，高产栽培要注意促根和发棵的关系。

2. 茎 洋葱无典型的茎，在营养生长时期，茎短缩形成扁圆形的圆锥体——茎盘。茎盘上部环生圆筒形叶鞘和芽，下面着生须根。成熟鳞茎茎盘组织干缩硬化，能阻止水分进入鳞茎，因此茎盘可控制根过早生长或鳞茎过早萌发。

植株接受低温和长日照条件，生长锥开始花芽分化，抽生花薹。花薹筒状中空，中部膨大，顶端形成球形花序，能开花结实。优良品种洋葱的茎盘短缩。

3. 叶 洋葱的叶由叶身和叶鞘组成。叶身深绿色，表面有蜡粉，管状中空，稍弯曲，基部腹面凹陷，是与大葱幼苗区别的主要特征之一。叶片下部为叶鞘，由许多叶鞘相互抱合成圆柱形假茎，一般10～15厘米。生育初期，假茎粗细上下相仿，生长中后期，每个叶鞘基部因贮存积累营养物质而膨大成肥厚的鳞片，由许多鳞片抱合成球状肉质鳞茎，最外面2～3层鳞片最后干枯成鳞茎的外皮。鳞片分为开放性鳞片和闭合性鳞片两种，开放性鳞片上部已经放出管状叶，闭合性鳞片尚未抽出叶片，最中间的开放性鳞片叶腋间着生腋芽，称为鳞腋芽或原基。腋芽数量因品种而异，一般2～5个，中间最大的叫主芽，其余为侧芽，每个腋芽有几片闭合鳞片包围。鳞茎基部有1个盘状短缩茎，下生须根，上生鳞片，鳞茎成熟时，地上部叶片枯萎，进入休眠期，休眠结束后，鳞茎中的每个腋芽都能抽生新叶，成为一个新的植株。

叶身是洋葱的同化器官，叶的数目多少和叶面积大小，关系到洋葱的产量和品质，叶片数目和叶面积主要取决于洋葱抽薹、幼苗生长期长短和栽培技术水平。先期抽薹或播种过晚，势必缩短幼苗期，使叶数减少，叶面积缩小，降低产量和品质。

叶鞘是洋葱营养物质的贮存器官，叶鞘数量和厚薄直接影响鳞茎的大小。

4. 花、果实和种子　洋葱在低温短日照条件下通过春化，在温暖长日照条件下抽薹开花，顶生球状花序，花序上着生200～300 个白色小花，花被、雄蕊各 6 个，雌蕊受精后结实，子房 3 室，果实为三角形蒴果，成熟后自行开裂。种子黑色、盾形，表面有不规则皱纹，脐部凹洼较深，种皮角质，较坚厚，不易透水，种皮内侧有膜状外胚乳，其内为内胚乳和胚，胚乳中有丰富的脂肪和蛋白质，胚处于内胚乳中间，为螺旋形。种子寿命短，千粒重 4 克左右，发芽力一般只能保持一年（播种应使用当年新籽）。花两性，异花授粉，采种时，不同品种之间应注意隔离。

二、对环境条件的要求

1. 温度　洋葱是耐寒植物，幼苗对温度的适应性最强，健壮幼苗能耐 -7～$-6℃$ 低温，鳞茎在 $-4℃$ 时会受冻。种子和鳞茎在 3～5℃ 下开始发芽，12℃ 以上发芽迅速，发芽适温 18～20℃。生长最适宜温度 12～26℃，苗期 12～20℃。较高的温度是鳞茎膨大的重要条件，鳞茎膨大适温 20～26℃。洋葱不耐热，26℃ 以上，鳞茎膨大受阻，全株生长衰退，进入休眠状态。收获的鳞茎对温度的适应性较强，有一定的抗寒和耐热能力，在夏季可贮存。

洋葱以"绿体"通过春化阶段，只有当植株长到一定大小以后，才可对低温发生感应而通过春化阶段，花芽才开始分化，对一般品种而言，在幼苗茎粗大于 0.6 厘米或鳞茎直径大于 2.5 厘米时，2～5℃条件下经 60～70 天，可通过春化阶段。品种不同通过春化所需时间差异较大，南方品种所需时间短，北方品种所需时间长。洋葱对低温的反应也因营养状况不同而不同，在相同低温条件下，营养状况差的幼苗容易春化，发生花芽分化，营养状况好的幼苗发生分蘖现象，而不发生花芽分化。对于同一品种而言，受低温影响后，大苗更易抽薹。

2. 光照 洋葱对光照较为敏感。对光照度的反应属于中间型，低于果菜类，高于叶菜类。对光照长短的影响是随着光照时间的延长而加速生长发育，加快鳞茎形成，加速抽薹开花。此外，与光质也有关系，远红外光对鳞茎形成有明显促进作用。

洋葱抽薹开花和鳞茎形成都需要长日照条件。光周期对鳞茎形成起决定性作用，日照时间越长，鳞茎形成越早、越迅速。但不同品种对日照时数的要求有一定差异，有些品种（如北方品种）在 15 小时左右的日照条件下形成鳞茎，有些品种（如南方品种）在较短的日照条件下（13 小时）下鳞茎就开始膨大，有些中间类型品种，鳞茎的形成对日照时数要求不严格。所以，在引种时，应考虑品种特征是否符合本地的日照条件，否则会造成减产，甚至绝收。例如，把北方的长日照品种盲目引种到南方，易因南方日照长度不能满足要求而延迟鳞茎形成和成熟，甚至不能形成鳞茎；相反，如果盲目把南方短日照型品种引种到北方，常在地上部分未长成以前就形成了鳞茎，会由于没有强大的营养基础而降低产量。

洋葱要求中等强度光照，特别是鳞茎形成期，要有充足的光照，光照过弱，植株易徒长，鳞茎难以形成。

3. 水分 洋葱根系分布较浅，发芽期、幼苗生长旺盛期和鳞茎膨大期需供给充足的水分。幼苗越冬前，应控制水分，防止徒长和生长过于粗壮。鳞茎临近成熟前 1～2 周，应逐渐减少浇水，以利鳞茎组织充实，提高品质和耐贮性。洋葱叶片管状，上有蜡粉，蒸腾作用小，比较耐旱，空气相对湿度不宜过大，适宜的空气相对湿度为 60%～70%，空气湿度过大，容易发生病害。鳞茎休眠期适应能力强，对高温干旱或低温干旱都有较大耐性。但是，在高温干旱条件下，鳞茎内水分含量少，干物质含量多，体内挥发性硫含量高，葱头辛辣味较浓。

4. 土壤营养　洋葱要求肥沃、疏松、保水力强的沙壤土，适宜 pH6～8。洋葱喜肥，对土壤营养要求较高，但绝对量要适中。不同时期所施肥料应有差异，在幼苗期以氮肥为主，鳞茎膨大期要增施磷肥、钾肥，钾肥的施用应从幼苗期就开始，以促进氮肥吸收，促进鳞茎细胞分裂和膨大，并可提高品质。

洋葱需肥量大，一般每亩需氮 10～20 千克，磷 10～26 千克，钾 6～10 千克，钙 20～40 千克。

三、生育周期

洋葱为 2～3 年生蔬菜，生育周期长短因栽培地区及育苗方式不同而不同。从播种到收获为营养生长期，从植株开始花芽分化到形成种子为生殖生长期。在华北和南方地区一般是秋播，翌年春季收获鳞茎，第三年开花结籽。在东北、西北等高寒地区是春播，当年秋季收获鳞茎，第二年开花结籽。洋葱从种子萌发到开花结籽各个时期，不但在形态上有明显变化，而且在不同时期对环境条件的要求也不同。

1. 营养生长期　从播种到鳞茎收获，为洋葱营养生长期。营养生长期又可以细分为发芽期、幼苗期、旺盛生长期、鳞茎膨大期。

（1）发芽期　从种子萌动出土到第一片真叶出现为发芽期，约需 15 天左右。洋葱种皮坚硬，发芽缓慢，在栽培上要注意播种不宜过深，覆土不宜过厚，幼苗出土前保持土壤湿润，防止土壤板结，才能顺利出土。

（2）幼苗期　从第一片真叶出现到定植大田为幼苗期。如果是冬前定植，则幼苗的越冬期也属于幼苗期。幼苗出土后，生长迅速，要保持适宜的温、湿度条件。此期根系生长比地上部分生长更为重要。采用多种形式育苗的洋葱，当幼苗长到一定大小时，要及时定植到大田，适宜的苗龄为 50～60 天，此时幼苗单株重 5～6 克，茎粗 0.5～0.7 厘米，株高 20 厘米左右，具有 3～4 片真叶，这种适龄幼苗既可以减少先期抽薹，又可获得高产。

幼苗期生长缓慢，特别是出土后 1 个月内，叶身细小、柔嫩、叶肉薄，生长量小，水分和肥力消耗量不大。在此期间应适当控制灌水，不需追肥，以免幼苗徒长降低越冬能力，防止幼苗过大引起先期抽薹。在定植以后的越冬期间，植株的生长量很小，冬前要控制水肥，防止由于徒长和植物生长过快致使干物质积累少，减弱植物的越冬能力，同时也要防止因植株过大而感受低温，通过春化阶段，第二年出现先期抽薹的现象。有些洋葱幼苗是在苗床越冬，第二年春季再定植。

（3）旺盛生长期　洋葱定植后到鳞茎膨大前为旺盛生长期。定植后经过缓苗陆续发根长叶，植株吸收和同化功能得以恢复。秋栽洋葱，要求在越冬前幼苗能长出 3～4 条须根、1～2 张新叶，才能安全越冬。春天返青后，植株前期生长比较缓慢，随着气温升高而逐渐加快，但以根系生长占优势，根长迅速增加，4～5 月份达到发根盛期。在根系迅速生长的基础上，植株进入发叶盛期，叶数增加，叶面积增大，同化作用加强，继而进入鳞茎膨大初期，此时仍以叶部生长占优势，株高、叶重显著增加，植株经常保持 8～9 片同化功能叶，叶鞘基部逐渐增厚，鳞茎生长较为缓慢，并以纵向生长为主，形成椭圆或卵圆形小鳞茎。

在定植前后，如幼苗过大且受到低湿（2～10℃）、干旱等不利条件的影响，就可能使部分植株发生分蘖或早期（先期）抽薹，是造成减产的一个重要因素。遭遇到土壤高温和干旱，就会加快根系的老化。

（4）鳞茎膨大期　随气温升高、日照时数增加，叶部生长受到抑制，叶身和根系由缓慢生长而趋于停滞。收获前，叶身开始枯黄衰老，假茎松软、细脆，逐渐失去膨压而倒伏，最外 1～3 片鳞片由于养分内移而变薄，并干缩成膜状，包裹整个鳞茎，洋葱即进入收获期。

2. 休眠期　收获后，洋葱进入生理休眠期，有利于贮存。进入休眠期以后，呼吸作用微弱，鳞茎不发芽，这种状态将一直保持到生理休眠期结束。洋葱生理休眠期长短因品种特性、贮存条件以及休眠程度等因素不同而不同，一般 60～90 天。

休眠期长短直接关系到洋葱的贮存力。贮存力强弱，取决于洋葱鳞茎休眠深度和休眠期的持续性，同时也受气温高低的影响。原基进入休眠愈早，贮存期间萌芽愈迟，所以早收的洋葱耐贮性强。相反，原基进入休眠迟，贮存时容易萌芽。洋葱休眠期越长，耐贮性就越强，一般洋葱鳞茎的休眠期约 3 个月左右，6 月份收获的鳞茎，随着气温的降低，到 9～10 月份开始萌芽。为防止过早萌芽，除人为控制发芽条件外，可在收获前进行药剂处理，以便控制发芽，延长贮存期。在洋葱收获前两周，用青鲜素（MH，顺丁烯二酸联氨）处理，可破坏植株生长点，抑制发芽，延长贮存期。用青鲜素处理的鳞茎，生长点已被破坏，顶芽永不萌发，因而不能留种。

3. 生殖生长期　生殖生长期分为抽薹开花期和种子形成期。

（1）抽薹开花期　洋葱鳞茎在贮存期间感受了低温，通过春化阶段，休眠期结束以后，将鳞茎定植于大田中，在高温和长日照条件下就可以形成花芽，每个鳞茎可抽生 2～5 个花薹，形成种子，完成整个生育周期。每个花序的开花时间约 10～15 天。

（2）种子形成期　这一段时期是从开花到种子成熟。开花结束后到种子成熟约 25 天。温度高时，种子成熟快，但饱满度差；温度低时，种子成熟缓慢。

洋葱从种子萌发到开花结籽，完成它的整个生育周期。现以淮北地区的气候条件为例，将生育周期归纳成图 4-2。

生育进程	播种育苗	定植缓苗	越冬	返青后继续生长	鳞茎膨大生长	收获后	冬前定植	返青后抽薹	开花结实
	9月下旬至10月下旬	11月下旬至11月下旬	11月中旬至2月下旬	3月下旬至4月下旬	5月下旬至6月中旬	贮存	10月中旬至11月中旬	3月上旬至5月中旬	5月中旬至7月上旬

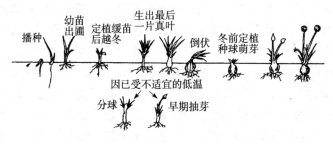

图 4-2　洋葱的生育周期

4. 生物学特性

（1）鳞茎形成　鳞茎是洋葱的营养贮存器官，也是主要产品器官，在植物学上属于叶的变态。鳞茎的形成以养分积累为物质基础，并以高温和长日照为必要环境条件。

鳞茎形成与叶部生长相关。茎叶苗壮生长是鳞茎肥大的前提，因为鳞茎是由肥厚的叶鞘（开放性肉质鳞片）和幼芽构成的，叶鞘的数量、厚薄以及幼芽的多少直接关系到鳞茎的大小。叶鞘层数和幼芽数目越多、鳞片越肥厚，鳞茎就越大。所以，栽培中必须严格控制先期抽薹，适当延长幼苗生长期，才能增加叶片数量，为鲜茎膨大打下基础。另外，植株徒长恋青或氮肥过多，必将推迟鳞茎形成；栽植过密、肥料不足、土壤干旱等，将提早鳞茎形成，其结果均会造成减产。

①日照与洋葱鳞茎的形成：鳞茎形成与日照长短的关系极为密切，人为进行短日照处理，地上部生长仍继续进行，鳞茎不能膨大。鳞茎肥大对日照长短的要求界限因品种而异，不同品种鳞茎形成期的早晚，主要取决于品种对日照长短感应性的差异。短日型品种和早生型，在较短的日照条件下鳞茎开始肥大，而长日型品种和晚生型，鳞茎肥大需要长日照时间。在我国北方，由春到夏随着日照时间逐步加长，短日型品种和早生型，较早地满足鳞茎肥大所必需的日照条件，因而鳞茎形成较早；而中、晚熟品种鳞茎形成要求的日照较长，所以成熟期较晚。

在长日照条件下，叶子纵向生长受阻，但却很快增厚，结果变成鳞茎的鳞片；短日照条件下所有的叶子继续纵向生长。日照长度不仅影响到鳞茎开始形成，而且影响其成熟过程。延长光照时间，在不同程度上缩短了各品种鳞茎开始形成到成熟的日期。

不同品种的鳞茎形成对日照时间长短要求不同，短的只有11.5 小时，长的可达 16 小时。我国华北、西北、东北地处高纬度，春分以后日照时间长，温度逐步升高，以栽培长日性的中、晚熟品种为宜；在南方低纬度地区，以栽培短日性的早、中熟品种较为适宜。

②温度与洋葱鳞茎的形成：温度是鳞茎形成的主要条件。但高温对鳞茎形成的促进作用并非温度的直接影响。只有满足日照时间和高温条件鳞茎才能肥大。满足长日照条件以后，在 10～15℃低温下鳞茎不能肥大，而在 15～21℃之间鳞茎才开始膨大，但以 21～27℃高温下鳞茎生长最好。温度过高，鳞茎膨大生长衰退，进入休眠期。如果只满足长日照条件而温度不足，则鳞茎不能膨大。反之，鳞茎膨大所需的温度条件得到满足但日照时数不足，鳞茎也不能膨大。只有既具备长日照条件，又满足高温要求，才能形成肥大的鳞茎。

温度与日照长短之间具有一定的相互关系，在长日照条件下，温度高，形成鳞茎所需日数较少；温度低，形成鳞茎所需日数较长。同时，温度高形成鳞茎的界限日照时数较短，温度低，形成鳞茎的界限日照时数较长。在适宜的光照时数下，高温可促进鳞茎形成。

洋葱栽培，在同一地区不论春播还是秋播，不管定植期早晚，高温长日照条件来临时都进入鳞茎形成期，不因早播而提前收获，也不因晚播或晚栽而推迟鳞茎形成。这就是洋葱晚播或晚栽减产的原因。

③光照度与洋葱鳞茎的形成：在长日照条件下，若光照过弱，鳞茎也很难形成，弱光长日照与短日照的效果一样。欲促进鳞茎形成，必须有充足的光照，在弱光下植株呈现徒长现象，而延迟鳞茎形成。

④氮素营养及水分与洋葱鳞茎的形成：土壤的矿质营养及水分，尤其是氮素营养，会影响根的吸收及叶的同化能力，从而影响鳞茎的大小和产量。灌水量偏大，氮肥偏多，使叶子氮素含量增加，叶子对长日照反应迟钝，从而延迟或抑制鳞茎形成。土壤微干旱可促进鳞茎形成，但对鳞茎肥大、充实不利。

氮肥施用时期对鳞茎形成影响很大，在光照时数超过临界时数范围以后氮肥的用量不会影响鳞茎形成，但在临界时数附近时，如果氮肥不足，就会促进鳞茎膨大，而氮肥过多反而会延缓鳞茎膨大。

（2）先期抽薹　洋葱是绿色植株通过春化阶段的植物，即植株长到一定大小后，才能对低温发生感应而通过春化阶段，此后花芽开始分化。

在实际生产中，往往由于秋播太早、营养面积大、肥水管理不当而使秧苗在低温季节发棵过大，造成在鳞茎形成前过早抽薹。这一现象叫做洋葱先期抽薹。

先期抽薹，使营养消耗于花茎生长，鳞茎不能充分肥大，产量、品质和耐贮性显著降低。引起抽薹的原因除气候因素外，与品种的遗传性和栽培技术有关。

①品种差异：不同品种对低温和长日照的反应存在一定差异。在对低温的感受方面，有的品种冬性弱，表现敏感，有的品种冬性强，表现钝感。表现敏感的品种，幼苗稍小遭遇低温，也有抽薹的危险；表现钝感的品种，幼苗须稍大才能感受低温而抽薹。所以，在引种时应选择对低温要求严格的品种，以免遭受先期抽薹的损失。

②苗的大小：幼苗过大，植株积累营养物质多，是造成先期抽薹的主要原因。通过育苗技术适当控制幼苗生长，使其在越冬前不致过大，是避免和减少先期抽薹的有效途径。但是，幼苗也不宜太小，否则耐寒力降低，在越冬过程中容易死亡，而且产量较低。据试验，随着幼苗径粗的增加，抽薹率相应提高；幼苗过小，虽然抽薹率降低，但是产量亦低，依品种不同，以茎粗0.4～0.7厘米的幼苗表现高产（表4-1）。

表4-1　洋葱苗大小与产量及抽薹的关系

假茎粗 （厘米）	亩　产		抽薹率 （%）
	个数	重量（千克）	
0.3	16 490	1 784	0
0.45	15 880	2 302	0.2
0.6	16 173	3 053	5.3
0.75	16 173	3 012	8.5
0.9	15 347	2 992	21.6

播种期的早晚直接影响幼苗的大小。早播，幼苗生长期长，秧苗容易抽薹；晚播，幼苗弱小，耐寒力低，越冬容易死苗，而且减产。所以，根据品种特性和气候特点，正确决定播种期是防止先期抽薹的主要途径。淮北地区洋葱的适宜播期在9月8日至9月10日（表4-2）。

表 4-2 洋葱播种早晚与抽薹的关系

播种期（日/月）	抽薹率（%）
30/8	20
5/9	10
10/9	7
15/9	8

洋葱秋栽要适时，早栽必将延长冬前生长期，导致秧苗过大而抽薹。一般以平均温度 15℃之日向前推移 50 天为播种适期。

播种过稀、营养面积过大、苗期追肥过多，均会使秧苗生长过大；氮肥不足、土壤干旱，容易使秧苗生长瘦弱，植株碳水化合物和氮的比值增加而发生先期抽薹现象。

综上所述，为了防止洋葱先期抽薹，应依据品种对低温和日照长短的反应选择品种，正确决定播种期和定植期，越冬前不使幼苗过大，定植时选苗分级。试验表明，幼苗径粗 0.4 厘米以下，虽然抽薹率低，但鳞茎个体小，单位面积产量低；径粗 0.7 厘米以上的幼苗极易抽薹，不宜应用；幼苗径粗 0.4～0.7 厘米，虽有少量抽薹，但鳞茎大，总产量高（图 4-3）。

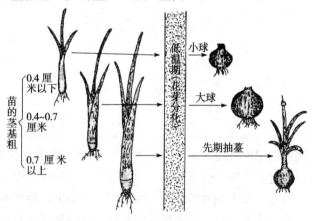

图 4-3 洋葱幼苗大小与抽薹的关系

洋葱在生长期间一旦发生先期抽薹，应及早将抽薹植株的花茎在基部折断，还可长成一定大小的鳞茎，虽然商品性状较差，不可以出口，但可以食用，不会造成大幅度减产。

第二节 洋葱的类型与品种

一、洋葱的种类

洋葱按植物形态可以分为普通洋葱、分蘖洋葱和顶生洋葱 3 种类型。

1. 普通洋葱 我国栽培的洋葱多数属于这一类型。生长强壮。侧芽一般不萌动，每株通常只生 1 个鳞茎，个体较大，品质较好。能开花结实，以种子繁殖。耐寒力比分蘖洋葱和顶生洋葱低。鳞茎休眠期较短，在贮存期易萌芽。鳞茎颜色紫红、粉红、铜黄、淡黄色、白色。

2. 分蘖洋葱 分蘖洋葱是普通洋葱的一个变种。茎叶与普通洋葱相似，略细小。基部分蘖，形成数个或十多个小鳞茎，簇生一起。通常不结种子，以小鳞茎为播种材料。个体小，食用品质较差，但耐贮性强，在东北各地农村栽培较多。适于和粮食作物间作套种。

3. 顶球洋葱 鳞茎与普通洋葱相似。是在采种母球（鳞茎）

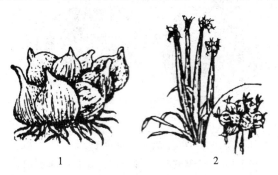

图 4-4 分蘖葱头和顶球头葱
1. 分蘖葱头 2. 顶球葱头

的花薹上形成气生鳞茎。气生鳞茎数目一般8~10个，多者十余个。通常不开花结实，用气生鳞茎繁殖，无需育苗而用气生鳞茎直接栽植。抗寒性极强，适于高寒地区栽培（图4-4）。

二、洋葱的品种类型

按鳞茎皮色可将普通洋葱分为红皮洋葱、黄皮洋葱和白皮洋葱3种。按鳞茎形状可分为扁平形、长椭圆形、长球形、球形和扁圆形5种（图4-5）。

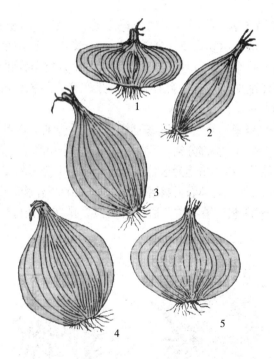

图4-5 洋葱的外型

1.扁平形 2.长椭圆形 3.长球形 4.球形 5.扁圆形

1. 黄皮洋葱 鳞茎外皮铜黄色，扁球形、球形或高桩球形，一般为早、中熟品种。产量较高，味道甜中带辣，品质好，鳞茎含水量低，耐贮存，先期抽薹率低。

2. 红皮洋葱 鳞茎外皮紫红色或粉红色，圆球形或扁圆球形，一般为中、晚熟品种，辣味强，产量高，品质较差，含水量大，耐贮性较差。

3. 白皮洋葱 鳞茎外皮白色，接近假茎的部分稍显绿色，多为早熟品种。体积小，一般扁球形。肉质细密，品质在 3 类洋葱中为最好，但产量低，抗病力弱，先期抽薹率高。

三、主要栽培品种

1. 黄皮品种

（1）连葱 5 号（阳春黄） 江苏省连云港市蔬菜研究所育成。极早熟，生育期 220 天左右。生长势强，无叶片下垂，7 片管状叶。单球重量 150 克以上，亩产 4 500 千克。商品性好，外皮金黄色，辛辣味淡，有甜味，假茎较细。

（2）连葱 6 号 江苏省连云港市蔬菜研究所育成。中熟，生育期 250 天左右。生长势旺盛，植株直立，叶色深绿。鳞茎圆球形，平均单球重 300 克以上，亩产 6 000 千克左右。外皮金黄色，有光泽，内部鳞片白色，假茎较细。抗霜霉病和紫斑病。

（3）连葱 7 号 江苏省连云港市蔬菜研究所育成。中熟，生育期 250 天左右。生长势旺盛，植株直立，叶色深绿。鳞茎圆球形，平均单球重 290 克以上，亩产 5400～6 000 千克左右。外皮金黄色，有光泽，内部鳞片白色，辛辣味淡，假茎较细，耐抽薹。中抗霜霉病和紫斑病。

（4）黄玉葱头 河北省承德市农家品种。株高 50 厘米，开展度 40 厘米，叶色深绿，叶面有蜡粉。单株叶数 9～11 枚，叶身长 30 厘米。鳞茎近圆球形，纵径 5～6 厘米，横径 7 厘米以上，鳞茎叶皮黄褐色，鳞片淡黄色，鳞茎单重 150～200 克。肉质细嫩，辣味适中，品质好。早中熟，耐寒、耐热、耐贮。亩产 1 250～1 750 千克。抗霜霉病及紫斑病能力弱。

(5) 荸荠扁葱头　天津市郊农家品种。叶长 40 厘米，功能叶数 9～10 枚，绿色，蜡粉较多。鳞茎扁圆球形，纵径 4.5 厘米，横径 7 厘米，单重 100 以克上。鳞茎叶皮黄色间带褐红色。含水少，味辣，耐贮运，品质好，不易抽薹。中熟，耐寒、耐贮运。亩产 2 500 千克。

(6) 大水桃　天津市郊农家品种。鳞茎球形，外皮淡黄，鳞茎单重 150～200 克，辣味淡，品质好，但耐贮性差。

(7) 熊岳圆葱　辽宁省农业专科学校育成。植株生长旺盛，株高 70～80 厘米，叶色深绿，叶数 8～9 片，叶面有蜡粉。鳞茎扁圆形，纵径 6 厘米左右，横径 6～8 厘米，外皮橙黄色，有光泽，内鳞片乳白色。单球重 130～160 克。肉质细密，味甜而脆，早熟，抗寒、抗旱、抗病、耐盐碱，不易先期抽薹。亩产 3 500 千克左右。

(8) 北京黄皮洋葱　北京市地方品种。功能叶 9～11 枚，叶色深绿，叶面上有蜡粉。鳞茎外皮浅棕黄色，内部鳞片黄白色。形态不一，单重约 100 克。肉质细密，纤维少，淡辣味，略甜。含水量少，耐贮。亩产 1 500～2 000 千克。

(9) 福建黄皮洋葱　福建省漳州市农家品种。中晚熟，短日照类型。株高 60 厘米，叶斜生，深绿色，叶长 50 厘米。鳞茎外皮棕黄色，内部肉质鳞片白色，纵径 8～9.5 厘米，横径 8～8.5 厘米，鳞茎单重 300 克以上，扁球形或高桩球形。耐寒、耐旱、抗病、较耐热。亩产 3 500～4 500 千克。

2. 红皮品种

(1) 连葱 8 号　江苏省连云港市蔬菜研究所育成。中熟，生育期 250 天左右。生长势旺盛，植株直立，株高 65～75 厘米。叶色深绿，有蜡粉。鳞茎扁球形，平均单球重 250 克以上，亩产 5 800 千克左右。外皮紫红色，有光泽，假茎较细，耐抽薹。中抗霜霉病和紫斑病。

(2) 连葱 11　江苏省连云港市蔬菜研究所育成。中熟，生育期 250 天左右。生长势旺盛，植株直立。叶色深绿，有蜡粉。高扁圆球形，平均单球重 300 克以上，亩产 6 000 千克左右。外皮紫红色，有光泽，假茎较细，耐抽薹。中抗霜霉病和紫斑病。

（3）红水桃　河北省唐山市郊地方品种。鳞茎近圆球形，外皮紫色，内部鳞片黄色，单重 200 克左右。质地脆嫩，辛辣微甜，品质好，中熟，抗病性强。

（4）西安红皮　西安郊区农家品种。陕西、河南栽培较多。鳞茎近圆球形，外皮紫红，单重 250～350 克，晚熟丰产，品质和耐贮性差。

（5）北京紫皮　北京市地方品种。中晚熟，植株高 60 厘米以上，开展度约 45 厘米，成株有功能叶 9～10 枚，深绿色，有蜡粉。鳞茎扁球形，纵径 5～6 厘米，横径 9 厘米，鳞茎外皮为红色，内部鳞片浅紫红色，单重约 250～300 克。鳞片肥厚，不紧实，含水量大，品质中等。亩产 2 500 千克左右。生理休眠期短，易发芽，耐贮性差。

（6）高桩红皮　陕西省农业科学院蔬菜所选育而成。植株健壮。叶色深绿，有蜡粉，鳞茎纵径 7～8 厘米，横径 9～10 厘米。外表皮紫红色，内部肉质鳞片白色，带有紫晕，鳞茎单重 150～200 克。中晚熟。对肥水要求较高，分蘖少，有较强抗寒能力，不耐贮。亩产 3 500～4 000 千克。

（7）甘肃紫皮　株高 70 厘米以上，成株有功能叶 10 枚，叶色深绿，有蜡粉。鳞茎扁球形，纵径 4～5 厘米，横径 9～10 厘米。表皮紫红色，半革质化。内部肉色鳞片 7～9 层，淡紫色。鳞茎单重 250～300 克。辣味浓，水分多，品质中等，抗寒，抗旱，休眠期短，不耐贮存。亩产 3 500 千克以上。

（8）南京红皮　株高 70 厘米。鳞茎扁球形，外表皮紫红色，内部肉质鳞片白色，带有紫红色晕斑，内有鳞芽 2～3 个。鳞茎单重 100～150 克。辣味较浓，抗寒性强，休眠期短，耐贮性较差。亩产 1 750～2 000 千克。

(9) 江西红皮　株高 50～70 厘米，开展度 45 厘米。叶色深绿，蜡粉少。鳞茎扁球形，纵径 5 厘米，横径 7 厘米，成熟鳞茎外皮紫红色，半革质化，内部肉质鳞片浅紫红色。鳞茎单重 200 克以上。辣味较浓，质地疏松，较脆，易失水，耐贮性差。亩产 1 750～2 000 千克。

(10) 福建紫皮　植株直立，株高 50 厘米。叶色深绿，蜡粉多。鳞茎扁球形，纵径 5 厘米，横径 8 厘米，成熟鳞茎外皮紫红色，半革质化，内部肉质鳞片白色，略带淡紫色。鳞茎单重 120 克左右。品质较好，甜辣适中，可鲜食。休眠期短，不耐贮存。亩产约 1 000 千克。

3. 白皮品种

(1) 系选美白　天津市农业科学研究院蔬菜研究所选育而成。株高 60 厘米，成株功能叶 9～10 枚，蜡粉少。鳞茎圆球形，球茎 10 厘米左右，外皮白色，半革质化，内部肉质鳞片纯白色，结构紧实，不易失水。鳞茎单重 250 克，质脆，甜辣味适中。抗寒，耐贮，耐盐碱，不易抽薹。亩产 4 000 千克。

(2) 新疆白皮　新疆地方品种。植株长势中等，株高 60 厘米，开展度 20 厘米。成株有功能叶 13～l4 片，叶色深绿，蜡粉中等。鳞茎扁球形，纵径 5 厘米，横径 7 厘米，成熟鳞茎外表皮白色，膜质，内部肉质鳞片白色，约 15 层。鳞茎单重 150 克。质脆，较甜，微辣，纤维少，品质好，早熟，休眠期短。亩产 2 000千克左右。

(3) 江苏白皮　江苏省扬州市地方品种。植株较直立，株高 60 厘米以上。叶细长，叶色深绿，有蜡粉。鳞茎扁球形，纵径 6～7 厘米，横径 9 厘米。成熟鳞茎表皮黄白色，半革质化，内部肉质鳞片白色，内有鳞芽 2～4 个。鳞茎单重 100～150 克。质脆，较甜，略带辣味。早熟，耐寒性强，亩产 1 500～1 750 千克。

(4) 连葱 12　江苏省连云港市蔬菜研究所育成。中熟，生育期 245 天左右。生长势旺盛，植株直立，株高 65～75 厘米。成株有功能叶 7～8 枚，叶色深绿，有蜡粉。高扁圆球形，外皮白色，有光泽，内部肉质鳞片白色。平均单球重 350 克以上，亩产 5 000 千克左右。

第三节　洋葱设施栽培技术

一、栽培制度和栽培季节

1. 栽培茬口　洋葱栽培忌重茬。秋栽主要以茄果类、豆类、瓜类和早秋菜为前茬，也可以水稻为前茬，春栽多利用冬闲地，后茬主要是秋黄瓜、秋架豆、秋土豆等早秋菜。

洋葱植株低矮，管状叶直立，适于和其他蔬菜间作套种。洋葱的畦埂可套种蚕豆、苤蓝、甘蓝、莴苣、地梅等早熟蔬菜。在东北，洋葱可和玉米套种，一般在春季 3 月下旬及时整地、作垄，将洋葱定植于垄上，实行大垄双行或单行（60 厘米×10 厘米）栽培，每亩保苗单行 1 万株，双行 1.8 万株。5 月下旬在洋葱垄沟播种玉米，6 月下旬洋葱收获后及时中耕起垄。这种套种栽培，洋葱亩产 1 000～2 000 千克，对玉米产量影响不大。

淮北地区常实行洋葱与棉花套种。一般情况下，洋葱选用早中熟品种，9 月上中旬播种，10 月底至 11 月初移栽，每亩密度 15 000 株左右，预留棉花空幅。棉花于 3 月下旬"双膜"覆盖，拱棚制钵育苗，4 月底 5 月初移栽到预留空幅内，亩栽棉花 4 400 株左右。洋葱 6 月上中旬成熟后及时采收，耕翻灭茬。棉花于 10 月底 11 月初灭茬。洋葱亩产可达 4 000 千克，棉花可亩产皮棉 100 千克左右。

2. 栽培季节　洋葱的栽培季节南北差异较大，但其共同点是将同化器官的生育期安排在凉爽季节。南方亚热带地区，秋末播种，初夏收获；长江及黄河流域以秋播为主，初夏至仲夏收获，也可以早春播种，初夏收获仔球，秋季再定植仔球至冬季收

获；华北平原多在白露前播种，第二年夏至前后收获；长城以北
地区冬季严寒，幼苗露地越冬困难，多采取秋播贮存越冬，早春
定植，亦可采取早春保护地育苗。例如，辽宁一般在处暑前后播
种或早春保护地育苗，第二年小暑后收获。黑龙江多在立秋播
种，第二年大暑后收获。总之，随着地理位置的北移，播种期逐
渐提前，收获季节不断延后。

二、洋葱主要栽培方式

1. 育苗定植　这种方式应用范围最广。在无霜期少于 200
天、冬季最低温度 −20℃ 以下的东北和华北地区，多采取保护地
育苗，春季天气转暖后定植；或在夏末秋初进行露地育苗，通过
贮存，于翌年早春定植。在无霜期不少于 200 天、冬季最低温度
−20℃ 左右的华北中南部、中原、华东和华中等地区，多采取秋
季露地育苗，冬前定植，露地越冬，或在苗床越冬后于早春进行
定植。天气偏冷的地区，也可将幼苗贮存越冬。在我国冬季温
暖、全年基本无霜的华南、云南南部和广西等地，则于晚秋育
苗，定植后在冬季能继续生长，于翌年春季收获。

2. 直播栽培　宁夏、甘肃和新疆部分地区多采取直播栽培。
直播栽培应选择沙壤土或壤土，事先秋耕、冬灌，翌年早春耙地
保墒。播种前，结合犁地普施基肥（每亩施土杂肥 5 000 千克），
若农家肥不足，可酌情施磷酸二铵或尿素作为基肥。在春分前
后，用播种机按 15 厘米行距播种，每亩播种量 1 千克左右，最
多不超过 1.5 千克。幼苗 2～3 片真叶时，进行间苗和补苗，至
5 月底 6 月初，按 13～15 米厘的株距定苗。除草、保苗是生产
的关键，一般中耕 6～7 次。5 月中旬开始浇水并追施氮素化肥，
以促使幼苗苗壮生长。7 月中旬控制蹲苗（10～15 天），促使鳞
茎膨大，此后加强肥水管理。收获前半个月停止浇水，一般在 9
月田间发现植株倒伏时收获。一般每亩可产 2 000～2 500 千克，
高产田可达到 4 000 千克以上。

3. 仔球栽培　在高寒地区和亚热带地区，为了避免严寒、酷暑或台风等不利条件，或是为了提早收获，带叶上市，第一年培育直径约 2 厘米的仔球，于冬前或翌年早春再行定植，此即仔球栽培。

在长江及黄河流域也可采用仔球秋栽冬收，可克服在高温高湿条件下收获不易贮存的缺点，并使鳞茎提前上市，获得较好的经济效益。具体做法是，选择早熟或极早熟品种（中晚熟品种会延迟收获期），2 月下旬至 3 月上旬播种，按每亩大田栽培 2 万个仔球计算，每亩大田需要培育小球的苗床面积 30 米^2，种子约 200 克。由于长日照和温度渐高，小苗仅形成小球，于 5 月底 6 月初收获，收获时连叶拔起，晒 1～2 天，使叶干枯后扎束，去掉枯叶，选择横径 1.5～2.5 厘米的小球装入尼龙纱袋，吊于通风干燥处。9 月初，按 15 厘米×18 厘米的株行距定植到大田。9 月底和 10 月中旬结合灌水各追肥 1 次。注意秋季旱情和病虫害防治。一般在 12 月中旬就可以陆续收获。

三、播种和育苗

（一）发芽过程

洋葱的种子为盾形，有棱角，腹面平坦，脐部凹陷很深。种子表面黑色，有不规则皱纹。种子长 3.1～3.4 毫米，宽 2.3～2.6 毫米，厚 1.5～2.6 毫米，千粒重 3.3 克以上。

种子最外层是黑色的种皮，在种皮的内侧，有薄膜状外胚乳，内部是内胚乳和胚。胚处于内胚乳中间，螺旋状，胚乳含丰富的蛋白质和脂肪。胚可分为子叶、上胚轴、下胚轴和第一真叶的原基。

洋葱种子发芽首先从吸水开始，即处于干燥状态的种子通过物理作用吸收水分，这段时间大约需要 12 小时。洋葱种子的发芽方式不同于玉米、小麦等禾本科单子叶植物，因为洋葱的胚包裹在内胚乳中，在刚开始发芽时，幼根先突破种皮。由于植物的极性（即根向下而茎向上生长），幼根向下伸长并生出根毛与土壤密切结合；与此同时，子叶突出种皮后，以弯曲成双折的方式穿过土壤露出地面，但子叶的吸收器部分（子叶尖端）仍留在种子内，以便继续吸收内胚乳贮存的养分。从幼根突破种皮到子叶出土，主要依靠种子内胚乳贮存的养分。此后，主根继续伸长，侧根也相应生出，对植株起到固定作用。出土后子叶继续生长的方式是以折角处（子叶膝）为分界，从子叶膝到种子这一段（上半段）长到 2～3 厘米即行停止；而子叶膝至地面这一段（下半段）却继续生长为弯弓状而绷紧，由于这种情况，使子叶上半段和附着的种子被牵出地面。以上过程，农民通常把它分成破皮、生根、出土和直钩四个阶段。

洋葱种子在发芽过程中要求最低温度 4℃，最高温度 33℃，温度适宜范围为 18～20℃。发芽后幼根生长的最低、最高和最适温度分别为 4℃、38℃和 30℃，地上部幼芽分别为 6℃、38℃和 30℃。但是，在生产实践中以不低于 20℃为实用标准。土壤水分与种子发芽也有着密切的关系，土壤含水量 10％～18％，种子发芽率可达到 90％。洋葱种子发芽不需要光，对氧也没有过高的要求。

（二）播种

1. 播种量与播种期 为了确保发芽，在播种前应先做发芽试验，具体做法是：首先在瓷质平底盘（碟）底部平铺几层吸水力较强的纸张（滤纸、餐巾纸等），充分吸水后，将供试的洋葱种子摆放在上面，也可再用吸湿的纸张覆盖，然后把盘（碟）放进一个塑料袋中，充气后将袋口扎紧保湿，在 20～25℃条件下培养，第 4～7 天调查发芽率。

在正常情况下，每亩苗床播种量 3～4 千克，考虑到要淘汰20％的弱苗和劣苗，其栽植面积应为播种苗床面积的 15～20 倍。如果发芽试验的发芽率低于 70％，则应酌情增加播种量。

我国除了高寒地区采用保护地育苗和南方地区可冬季生产

外，大部分地区采用秋季播种育苗、当年露地定植越冬（或以幼苗贮存越冬）的栽培方式，从长江以南到华北平原地区基本都采用这种方式。秋季露地育苗应注意严格掌握适宜播种期，播种过早，秧苗过大，冬季通过春化造成早期抽薹而减产；播种过晚，秧苗细小，虽然不会发生早期抽薹，但越冬能力降低，也会影响产量。

2. 种播技术

（1）选地　洋葱种子较小，种皮坚硬，吸水力弱，种子内贮存营养物质少，发芽时子叶生长缓慢，出土较困难，苗床应选择土壤肥沃、地势较高、保水性强、2～3 年内未种植过葱蒜类蔬菜的地块。苗床排水不良、低洼易涝，会使洋葱幼嫩的根系腐烂而生长不良。

（2）施足基肥，整地作畦　在播种前 10～15 天，每亩苗床施充分腐熟的有机肥 3 000～4 000 千克、硫酸钾复合肥（氮、磷、钾总含量大于 45%）25 千克。耕深 20 厘米，将基肥均匀翻入土中，使肥料与土壤充分混合，再用平耙将畦面整平、耙细，开沟、作畦，苗床宽 120 厘米，畦沟宽 40 厘米，便于拔草、间苗、浇灌等田间操作，畦长根据地块而定，每 10 米开一腰沟。洋葱在育苗期对氮、磷、钾的需要量，每亩需纯氮 10 千克、五氧化二磷 8 千克、氧化钾 7 千克。

（3）土壤处理　洋葱苗期会发生霜霉病、灰霉病等病害。所以要求在苗床表层土壤中每亩施入 25% 多菌灵粉剂 3 千克，进行土壤处理，用于防治苗期病害。

（4）种子处理　一般多为直接播种，但为了利于发芽和提早出苗，可以先浸种后播种。应在冷水中浸种，时间不宜超过 12 小时，捞出上浮的秕子，再将下沉的种子捞出摊晾，当种子不相粘连时即可播种。如播期偏晚，则须进行催芽。可将浸种后的种子用湿布包好放置在凉爽的地方（20～25℃）进行催芽，每天用清水淘洗 1 次，当种子刚刚露白时及时播种。

（5）播种　播种有条播和撒播两种方式。一般都采用撒播方式直接播种，具体操作方法：播种前苗床浇一次透水，土壤湿润深度达 15 厘米，第二天表土已不过黏时，将畦面用钉耙搂平、耙碎，用木条刮平后即可播种，撒播时要力求播匀，然后覆盖营养土 1 厘米，要求不露种，同时每亩用 50％硫辛磷乳油 150 克加水 1～1.5 千克，拌 5 千克炒熟的麦麸撒于畦面，防治地下害虫。采取这种方法虽比较费工，但表土疏松，深层水分充分，出苗快而整齐。

为了保证撒播质量，在整地后 2～3 小时，畦表稍微干燥时再播种，这样易看清种子落土情况。也可先将种子播下 2/3，剩下的 1/3 根据播种均匀情况进行调节。

为了保墒，可用稻草、麦秸、小芦柴及其他作物秸秆均匀盖在畦面上，以不露土为宜；或用遮阳网罩在畦面上遮阴，防高温水分蒸发、暴雨冲刷。

土壤沙质比较严重的地区，采用条播方式播种，即在平整好的畦面上开深约 2 厘米的浅沟，行距 5～8 厘米，将种子播入沟中，用笤帚轻轻横扫畦面，将落在沟外的种子扫入沟内，同时起到覆土的作用，然后用脚轻踩畦面，使种子与土壤密切结合。镇压后即行浇水。

（三）育苗

1. 露地育苗

（1）苗期管理　当洋葱种子开始出土时，使用遮阳网或苇帘在苗床遮阴的，应在下午撤除覆盖物；如果是用秸秆、芦苇等遮阴，可由密变疏，分 2～3 次撤除覆盖物。

苗期浇水应根据土壤墒情和不同播种方式而定。如播前浇足底水，一般在齐苗前不必浇水。其他播种方式则在子叶未伸直之前浇水。在"直钩"（或伸腰）时期还要再次浇水。此后，直到生出第一真叶时要适当控制浇水。当生出 2 枚真叶以后，可结合浇水追施氮素化肥（亩施尿素 7～10 千克），或追施充分腐熟的人粪尿（稀粪）500 千克。在水分管理上保持土壤湿润，防止忽干忽湿，根据天气情况而定。苗齐后保持土壤见干见湿。

在育苗过程中不要急于间苗，须提防立枯病，直到生出 2 枚真叶后。秧苗生长期注意防治霜霉病。在追肥之前间苗、除草 2～3 次，每平方米留苗 7 000 株左右。

如果幼苗徒长或发生霜霉病，应控制浇水，调节秧苗生长，并及时进行药剂防治（具体方法见第四节病虫害防治）。

（2）幼苗越冬　长城以北寒冷地区，一般采用秋季育苗、幼苗越冬、春季定植的栽培方式。

①苗床越冬：苗床越冬是在原来播种的育苗畦内越冬。采用这种方法时应在土地封冻前（立冬后）于育苗畦北侧加设风障，并浇灌一次"冻水"，表土层湿润深度不低于 2 厘米，第二天在育苗畦面覆盖约 1 厘米厚的细土，以防畦面龟裂。此后随着天气的变冷，在上面再分次覆盖碎稻草或豆类作物碎枝叶，厚度10～15 厘米。翌年春季天气转暖后，将覆盖物取出，幼苗便重新萌发，以备定植。如有条件，育苗畦可用塑料薄膜覆盖，在越冬期间必须将畦四周薄膜压严，发现破损及时修补或在破损处另加覆盖。

②假植越冬：菜农称为"囤苗"。假植的场所在风障南侧，切忌在地势低洼、潮湿的地方假植，以免沤根。方法是东西向开沟，深约 10 厘米，然后将起出的秧苗向南侧倾斜 45°（或直立）密集摆放在沟内，培土时以不埋过叶鞘顶部为准。假植沟之间保持 5 厘米以上距离，假植的宽度一般不超过 1.5 米。假植后用土将四周堵严、踩实，保持不透风，以免冻根。假植后幼苗心叶还会缓慢生长，不宜立即盖土防寒，直到旬平均气温接近 0℃（即土壤将封冻）时，再在秧苗上面覆土防寒。随着气温下降，在沟上插竹片做成拱棚，上覆一层薄膜或地膜，防止雨雪入沟。保持沟内温度－7～－6℃、葱苗叶尖稍冻、葱白不冻为原则，注意防止一冻一化。春季定植前 10～15 天逐渐撤去假植沟上的覆盖物，

定植前 2～3 天将苗从假植沟中取出，使其慢慢缓冻，然后选苗定植。为了防止洋葱苗越冬假植时受冻或受热，应适时起苗。

③窖藏越冬：土地封冻前将秧苗起出，捆成直径 10～15 厘米小捆，放进地窖贮存。数量少时，可在窖内直立码放；数量较多时，可将根部紧靠稍潮湿的窖壁，码放高度 1～1.3 米。码好以后可在周围盖些大白菜叶，以防干燥。入窖初期要倒垛，防止受热。在整个贮存期间需要倒垛 2～3 次，如发现腐烂，则应及时清除。这种方法简单易行又便于检查，尤其在气候比较寒冷的地区，采用此法比在露地越冬更为安全。

④沟藏越冬：在风障南侧于立冬前后挖东西方向、深约 20 厘米、宽 30 厘米的贮存沟。土壤封冻前将秧苗起出，捆成直径 10～15 厘米的小捆，将根部与沟底接触，密集码放在贮存沟中。直到外界温度降至 -5～-3℃，再在秧苗上面覆盖作物秸秆防寒，使沟内温度相对稳定在 0～1℃。

2. 护保地育苗 高寒地区可利用日光温室、温床或阳畦等保护设施，在冬季或早春育苗，一般苗龄 50～60 天。具体操作过程和露地育苗基本相同。技术要点如下：

（1）种子处理 按前文所述，事先进行浸种催芽。

（2）播种 日光温室和阳畦采取起土、浇底水的方法播种。即先耕翻、施肥、整平畦面，在畦中取出一部分表土作覆盖土，然后浇足底水。如浇底水后土壤温度降到 10℃ 以下，需密闭增温，待地温回升到 10℃ 以上再行播种。温床育苗，酿热物以上的土层厚度不宜少于 15 厘米。播种前可适量浇水造墒，但忌大水漫灌。播种后，为使发芽整齐和提高土壤温度，覆土分 2～3 次进行，每次厚约 0.5 厘米，此后在萌芽时再行覆土，总覆土厚 1～1.5 厘米。

（3）温度管理 幼苗出土前，保护地内气温白天保持 20～25℃，不低于 20℃；夜间最低温度不低于 13℃。幼苗出齐后适当降温，防止徒长，白天保持 15～20℃，夜间保持 10℃ 左右，尽量不使最低气温不低于 8℃ 以下。

（4）通风换气　当幼苗长到 3～4 厘米时，应逐步增加通风量。定植前 7～10 天加强通风锻炼，以备定植。

（5）肥水管理　出土前保持土壤有充足的水分。根据土壤墒情，在秧苗拱土时如底墒不足，可先补水再覆土。出苗后，要使土壤经常保持湿润，定植前炼苗时，要停止浇水。

当幼苗 10～15 厘米高时，可结合浇水适量追施尿素，每亩用 5 千克左右，同时用 0.3% 磷酸二氢钾溶液泼浇。

3. 培育仔球（小鳞茎）　在当地正常栽培的洋葱收获前 50～60 天，将种子播于苗床，幼苗长出 4～6 片真叶后，由于高温长日照，地上部叶片枯萎，养分向叶基部转移而形成一个较小的鳞茎。将其贮存到第二年春季定植，夏季收获商品洋葱。培育仔球的目的是为了回避不利于洋葱生长的气候条件，保证洋葱正常生长。例如，高寒地区无霜期较短，培育仔球才能满足生长期的要求；台湾等亚热带地区，培育仔球可以避开盛夏高温和台风。此外，仔球栽培还可以提早收获和提高产量。

（1）高寒地区培育仔球　①播种期多在 5 月中旬（即旬平均温度在 10℃ 以上）；②每亩播种量 3.5～4 千克，最多不宜超过 5 千克；③撒播，力求均匀；④在长出第一片真叶后，结合除草进行间苗，主要是间拔过密和生长较弱的劣苗，使每株幼苗面积保持 16～22 厘米^2；⑤幼苗 2 叶期以后，根据生长情况追施氮素化肥或磷酸二铵；⑥进入 7 月中旬，高温到来时幼苗长到 4～6 片真叶，小鳞茎膨大 1.5～3 厘米（直径），随着叶片枯萎，开始收获；⑦收获的小鳞茎（仔球）必须充分干燥后才能贮存，在贮存期间，夏、秋注意通风，防止伤热，冬季注意防寒，以免受冻，并经 2～3 次挑选，淘汰出芽与腐烂的鳞茎；⑧栽培上要防止小鳞茎过大或过小，以防先期抽薹和产量偏低。

定植时应尽量抢早，一般土壤解冻 10 厘米开始定植。首先整地作畦，每亩施农家肥 3 000～5 000 千克、磷酸二铵 15～20

千克，畦面整平后按 1 米宽畦栽 6～7 行，开沟定植，沟深 3 厘米左右，栽后覆土 1～1.5 厘米，株距 10 厘米，及时喷药，化学除草，覆盖地膜。幼苗出土后及时破膜放苗，使其长出地膜，如因用工过大，则可在幼苗长出地面 1 厘米后，将膜整个撤出。其他管理与春、秋洋葱育苗相同。

　　(2) 南方地区培育仔球　①选用短日照生态型品种；②利用小棚在 2 月下旬至 3 月上旬播种，每亩大田需要培育仔球 40 米^{2}左右（如不采用小棚，则在 10 月上旬播种）；③播种后为促使出苗，土壤温度需保持 10～18℃，如果土壤温度偏低，可临时覆盖地膜，在秧苗拱土时及时撤掉，正常情况下，播种后 7～10 天即可拱土；④在小棚内育苗，应注意防治立枯病，除注意选地外，播种前每平方米用 50% 多菌灵可湿性粉剂 8 克，与床土 10千克拌匀，配成药土处理土壤；⑤小棚育苗的温度，发芽前白天保持 20℃ 以上，不宜达到或超过 30℃，发芽后应掌握 15～25℃，如果最低温度低于 10℃，应加强夜间保温，白天超过25℃时，需进行通风，当外界气温日平均达到 15℃ 时，小棚可不再覆盖塑料薄膜，但不要撤掉，遇雨天时仍需覆膜防雨；⑥幼苗长出 1～2 片真叶时，结合除草进行间苗，使每株幼苗的占地面积保持在 12～15 厘米^2，及时间苗、除草和保持足够占地面积，是培育仔球的关键性措施；⑦幼苗的生长标准：3 月下旬要求长出 3 片真叶，株高 10 厘米以上，4 月中旬有 4 片真叶，株高 20～30 厘米，在此期间可根据生长情况适量追肥；⑧为防止仔球在贮存越夏期间腐烂，可在采收前喷 50% 菌苯灵可湿性粉剂 1 000 倍稀释液或 50% 菌克丹可湿性粉剂 800 倍稀释液；⑨当仔球直径达到 1.5～1.8 厘米、叶鞘部分已软但尚未倒伏时即可采收（倒伏后收获的仔球休眠期长，不利于日后提早出苗），对直径超过 3 厘米的大型仔球，要将叶片剪掉一部分，促使其缩短休眠期；⑩采收的仔球，在田间晾晒半天或一天后，每 20～30个捆扎成把，吊在屋檐下或其他通风凉爽的场所，以备日后定植，如有条件，采收后可在温室中用 30~35℃高温处理 20 天左右（但仔球不要直接暴晒），然后在通风、凉爽场所贮存。

四、定　植

1. 大田准备　洋葱根系吸水吸肥能力较弱，栽植大田应选择土壤肥沃、有机质丰富的沙土地，前茬为茄果类、瓜类、豆类或玉米、水稻等作物。北方地区多为平畦，根据不同地区的习惯，窄畦宽度 0.9~1 米，宽畦 1.3~1.7 米，畦长 8~10 米。南方地区多采用高畦，畦宽 1.1~1.3 米，畦沟宽 30 厘米，深 20厘米，畦长 10 米左右开一腰沟，沟宽 40 厘米，深 30 厘米。大田四周开田头沟，沟宽 1 米，深 0.5 米。做到畦沟、腰沟、田头沟"三沟"配套，利于排灌。

洋葱是浅根作物，根系主要集中在 20~30 厘米深土层，整地时耕翻深度不得少于 20 厘米。耕翻前应施足基肥，为使肥料和土壤充分混合和改善土壤结构，要进行 1~2 次旋耕，使畦土细碎，粪、土混匀，结构疏松，有利于发根成活。此后，将畦面精细整理，北方地区的平畦，要求做到大田水平一致，浇水深浅一致。尤其是盐碱土地区，如畦面高低不平还会招致返碱，使高处发生盐碱危害。

洋葱须状根要求基肥必须充分腐熟，且过筛、浅施、匀撒。基肥以堆肥、猪杂肥等农家肥为主。一般亩施有机肥 3 000~4 000千克、过磷酸钙 100 千克、硫酸钾 15 千克、尿素 30 千克。

2. 定植

（1）定植时期　洋葱定植时间严格受温度限制，分秋栽和春栽。长城以南大部分地区多采取秋栽，在严寒到来前 40 天左右定植，使越冬前根系已恢复生长，返青后叶部生长迅速，幼苗生长期长，表现较春栽高产。秋栽要适时，栽植过早，发棵大，易抽薹；栽植过迟，冬前生长期短，根系不能充分发育，耐寒性降低，容易引起越冬死苗。长城以北地区，冬季严寒，以春栽为主，叶部生长期短，产量偏低。春栽定植在土壤解冻后及早进行，以争取较长的生育期，在鳞茎膨大前长出较多的功能叶片，进而制造更多的养分，提高产量。

早熟品种苗期生长较快，但易老化，晚熟品种生长较慢，但苗期长，不易老化，在适期定植的基础上，早熟品种的定植期应稍早于晚熟品种。尽量不定植老化苗。

在淮北地区，一般于10月底至11月上旬定植，保证有40～50天的越冬生长期，要求葱苗长出3～4根新根，1～2片新叶，保证安全越冬。

(2) 定植方法

①严格选苗：定植前严格选苗分级，淘汰病苗、矮化苗、徒长苗、分蘖苗、过分粗壮苗以及受病虫伤害根部细弱的苗。一般认为大小适度的壮苗标准是：叶片3～4枚，株高25～30厘米，假茎粗0.4～0.7厘米，单株重4～6克。如果假茎粗在0.7厘米以上，就有可能先期抽薹而造成减产。假茎粗在0.4厘米及其以下，应列入小苗。为了便于管理，将入选（假茎粗0.4～0.7厘米）幼苗再根据大小不同分别定植，以便管理。

②合理密植：洋葱叶片直立，阳光可照射到叶层基部，适于密植。在一定的范围内密植，产量随着密度的加大而增加。但当密度加大到一定程度以后，总产量不再增加，单株产量反而降低，大鳞茎的比例逐渐减少，小鳞茎的比例逐渐增加。试验结果表明，株行距配置13厘米×17厘米和13厘米×20厘米，产量均高于20厘米×20厘米，分别增产22.8%和10.4%。

确定栽植密度还要考虑品种的熟期早晚、生育期的长短、土壤肥力的强弱和肥水条件。只有正确处理总产量和单株产量的关系，才能达到高产优质的目的。定植密度一般以行距15～18厘米、株距10～15厘米、每亩保苗2.0万～2.5万株为宜。

③定植方法：洋葱适于浅栽，最适深度2～3厘米。栽植过深，叶部生长过旺，鳞茎颈部增粗，尤其在土质黏重的情况下，

容易使鳞茎发育成长变形并减产。栽植过浅，植株容易倒伏，鳞茎外露，因日照后变绿或开裂而影响品质。沙质土壤可稍深，黏重土壤应稍浅。秋栽为了保墒、抗冻宜稍深些，即使深栽，也必须使叶鞘顶部露出地面；春栽应略浅。

洋葱幼苗从苗床起出时已损伤一部分根系，定植后要靠这些已受伤的根来完成缓苗，所以定植之前要使幼苗在湿润的条件下保存，栽苗时也不要使根系受到损伤。

定植时采取按行距开沟、按株距摆苗的方法栽苗，开沟要深浅一致，最好南北向开沟，以利于提高地温和发根，也可以直接打洞栽植。定植完毕浇水。

④地膜覆盖定植：在整地、施基肥和平整畦面以后，先浇水，再施除草剂，每亩喷施 48%氟乐灵乳油 150 毫升或 50%乙草胺乳油 150～200 毫升、菜草通乳油 125～150 毫升，当畦内水还没有完全渗下时覆膜。这样，地膜被水层托住，既平展又不会被泥土污染。地膜铺平后用铁锹顺畦埂四周将地膜边缘压进土中，深 6 厘米左右。幼苗在定植前将须根剪短到 1.5～2 厘米，然后按预定的株行距用定植器或管状物等穿膜打孔，孔深 2～3 厘米，按孔定植。高畦覆盖地膜，将地膜边缘埋压在畦沟中，在畦面按要求定植葱苗。

五、田间管理

1. 追肥　定植后经过缓苗，陆续发根长叶。首先是根系发育，然后是叶缓慢生长，继而叶部加速生长、鳞茎开始膨大，接着是叶部和鳞茎同时迅速生长，最后叶部生长减弱，进入鳞茎膨大盛期。田间管理技术应依据植株不同生育时期的生长特点和洋葱的需肥需水规律进行，才能收到良好的效果。

由于洋葱根系分布浅，吸收能力弱，在生育期间要分期适量追肥，才能长成健壮的植株，形成肥大的鳞茎。做好分期追肥是洋葱高产的关键之一。秋栽洋葱在返青以后应进行第一次追肥，这次追肥的目的是为根系继续生长补充养分，也为不久即将开始的地上部生长作准备，每亩施入腐熟人粪尿 1 000～1 500 千克（或尿素 10～15 千克）、过磷酸钙 25 千克、硫酸钾 10 千克。目前普通覆盖地膜追肥难，可以一次追施磷酸二铵 10～15 千克和硫酸钾 10 千克。返青后 30 天左右，随着气温升高，植株进入叶部旺盛生长期，需肥量增加，应结合浇水进行第二次追肥，以保证地上部功能叶生长的营养需要。因为叶部营养体的大小与以后鳞茎的大小关系十分密切，前期促进叶部生长可为后期鳞茎的肥大生长奠定基础。这次追肥以氮肥为主，每亩追施尿素 10～15千克。返青后 50～60 天鳞茎开始膨大，是追肥的关键时期，应进行第三次追肥，每亩追施尿素 5～10 千克、硫酸钾 10 千克、过磷酸钙 30 千克，或一次性施用硫酸钾复合肥（氮大于 15%、磷大于 15%、钾大于 15%）25 千克。鳞茎膨大盛期再根据需要适量追施磷、钾肥，保证鳞茎持续膨大。这一时期氮肥施用不能过量，否则会发生"贪青"而影响采收。在鳞茎膨大期缺钾不仅会使产量降低，而且对产品的耐贮性也有一定影响。

洋葱不同生育期对肥料的要求是：幼苗期以氮为主，鳞茎膨大期以钾为主，整个生育期不能缺磷。每亩氮、磷、钾标准用量为氮 12.5～14.3 千克、五氧化二磷 10～11.3 千克、氧化钾12.5～15 千克。

春栽洋葱追肥分别在缓苗后、叶部生长盛期、鳞茎膨大始期和鳞茎膨大盛期进行，其中以叶部生长盛期和鳞茎膨大始期为主（表 4-3）。

表 4-3 不同追肥时期对产量的影响

追肥时期	全株重（克）	地上部重（克）	鳞茎（克）	增产（%）
栽后 10 天	63.69	15.01	48.68	108.93
栽后 30 天	68.29	15.40	52.89	118.35
栽后 50 天	63.76	15.29	49.47	110.70

（续）

追肥时期	全株重（克）	地上部重（克）	鳞茎（克）	增产（%）
栽后 70 天	59.88	13.10	46.78	104.68
栽后 10、30 天	64.75	14.70	50.50	111.99
栽后 10、50 天	64.50	15.48	49.02	109.67
栽后 30、50 天	64.61	13.81	50.80	113.67
对照	57.12	12.45	44.67	100.00

从表 4-3 可以看出，两次追肥以定植后 30 天和 50 天增产效果最大，一次追肥的以定植后 30 天或 50 天进行为宜，追肥过早或过晚将降低施肥效果。

2. 水分管理　洋葱根系分布在表土层中，吸水吸肥能力弱，对土壤水分要求比较严格，喜湿怕旱，土壤相对含水量适宜范围 60%～80%，如果在 50% 以下，生长就会受到抑制，定植后应加强水分管理。

秋栽洋葱，从定植到越冬，气温低，蒸发量小，幼苗生长缓慢，定植时要浇 1～2 次缓苗水，通过灌水使根系和土壤紧密结合，促进幼苗健壮，增强抗寒性；土壤开始结冻时浇封冻水，在晴天中午浇灌，不要过量，以浇后水全部渗入土中、地表无积水为准。

翌春返青后，当地表 10 厘米土壤温度稳定在 10℃ 左右，及时浇返青水，促其返青生长。早春气温较低，浇水不宜过勤，水量也不宜过大，目的是提高地温，保持土壤见干见湿。同时，浇水不宜过早，因此时温度低对洋葱不利，过晚又会抑制生长，甚至使叶部发生干尖。

春栽洋葱，缓苗前不浇水，以保墒提高地温、促进发根为主。缓苗后，在植株进入地上部生长为主的时期浇水。应根据土壤墒情浇水，水量不宜过大，要求经过 40 天左右，使地上部形成具有 8～10 枚管状叶的健壮植株。

　　进入发叶盛期，不论秋栽或春栽都应适当增加灌水，一般每隔7～8天浇水一次，使土壤经常保持湿润。如果这一时期土壤缺水干旱，地上部不能充分生长，将影响鳞茎膨大和增重。

　　当幼苗达到充分生长的高度以后，将转向以鳞茎膨大为主的生长阶段，在这个转化过程中要控制水分，进行蹲苗，促使营养转化，蹲苗期大约7～10天。蹲苗可抑制叶部生长，促进营养物质向叶鞘基部输送。如果继续灌水不蹲苗，容易引起植株疯长，影响鳞茎肥大。

　　蹲苗后，洋葱进入鳞茎膨大期，植株营养物质向叶鞘基部输送，对水分的要求日益增多，气温也逐渐升高，植株蒸发量和生长量加大，是追肥、浇水的关键时期。浇水宜勤，一般5～6天浇一次，经常保持土壤湿润，浇水时间以早晚为好。假若此时水分不足，植株易早衰，鳞茎将会变小而减产。鳞茎临近成熟时，叶部和根系的生理机能减退，应逐渐减少浇水，收获前7～8天，当田间植株开始出现自然倒伏时，应停止灌水，以减少鳞茎中水分含量，增强鳞茎耐贮性。

　　南方地区雨量充沛，很少单独浇水，大都结合追肥适当浇水，在春雨和梅雨期间还必须注意排水。

　　鳞茎膨大前蹲苗，通过控制土壤水分减少洋葱对营养成分的吸收，进而降低洋葱叶身的含氮物质，促进鳞茎形成。如果鳞茎膨大前继续浇水，不蹲苗，易引起叶片徒长，高温到来以后，植株迅速老化，进入休眠，叶片养分不能充分向叶鞘转移，影响鳞茎肥大，造成减产。如果鳞茎膨大前较长时间保持干旱，减少土壤水分，可促进鳞茎形成，但对鳞茎肥大生长不利，所以蹲苗时间长短要根据土壤、气候和植株生长状况灵活掌握。沙质土和天气干旱时，要适当缩短蹲苗期，黏质土和地势低洼地应适当延长蹲苗期。当洋葱成熟的管状叶转变成深绿色、叶肉肥厚、叶面蜡质增多且嫩、心叶颜色加深时就应结束蹲苗而进行浇水。

3. 中耕培土　如不覆盖地膜，应进行中耕，尤其在蹲苗之前必须进行中耕。中耕的次数取决于土壤质地，偏黏的壤土中耕次数多于沙质土壤。一般从缓苗到鳞茎膨大以前，中耕除草2～3次，深3～4厘米，保持土壤墒情，增加土壤透性，提高土壤温度，促进根系发育，防止杂草滋生。

4. 摘除花薹　在洋葱生长期，发现先期抽薹的植株应及早摘除花薹，还可形成鳞茎，但形成的鳞茎在商品外观和耐贮性方面有缺点；采薹过晚，将造成严重减产。一般采取劈薹的方法，即用手将花薹从上到下撕成两半，可促进侧芽萌动长出新株，所形成的鳞茎将花薹的残余部分挤到一旁，使其干缩，最后长成充实的鳞茎。如果采薹过晚或只摘除花球，由于花薹生长消耗营养而减产，同时遇雨容易积水腐烂，不耐贮存。

5. 预防先期抽薹的措施

（1）适期播种　如果秋播育苗播种过早，就会以大苗通过春化阶段，发生先期抽薹；播种过晚，虽然发生先期抽薹的可能性降低，但营养体小，鳞茎膨大受到限制，产量降低，反而得不偿失。一般来讲，抽薹率应控制在10％以内。

（2）定植前选苗　选用大小适度的苗定植。具有3枚真叶，株高30厘米，叶鞘直径6～7毫米，单株重4～6克的幼苗为适度幼苗。但品种之间有一定的差异，一般农家品种未经严格选种，纯度较差，可降低标准。

（3）秋季适时定植　秋季定植的幼苗，可能由于当年的温度较高，幼苗继续生长，从而达到可接受春化的标准，以后遇低温通过春化阶段，而发生先期抽薹。所以，秋季定植不可过早，尤其是我国的南方地区，由于秋季定植过早而发生先期抽薹的现象比北方更严重。

（4）正确进行肥水管理　秋季定植的洋葱，冬前浇水施肥较多，会导致先期抽薹，翌年春季又控水控肥，会使植株体内碳氮比升高，促进花芽分化，加重先期抽薹。故应进行水肥适当调整。

六、采 收

洋葱采收季节一般都在 6～7 月间炎热的夏季到来之前。在夏季无高温的地区，可以延迟到初秋收获。当洋葱叶片由下而上逐渐开始变黄，假茎变软并开始倒伏，鳞茎停止膨大，外皮革质，进入休眠阶段时，标志着鳞茎已经成熟，就应及时收获。鳞茎成熟期的早晚，与品种特性、定植时间和气候条件等有关。休眠期短、耐贮性较差的品种，应适当提早收获，当有一半植株倒伏时，即可开始收获；中晚熟品种收获期偏晚，以70%植株倒伏时收获为宜。一般来讲，采收适宜时期的标志，是鳞茎充分膨大，外层鳞片干燥并半革质化，基部第一片、第二片叶枯黄，第三片、第四片叶尚带绿色，假茎失水变软，植株地上部分倒伏。采收过早，鳞茎尚未充分肥大，产量低；同时，鳞茎含水量高，易腐烂，易萌芽，贮存难度大。采收过迟，易裂球，如果收迟遇雨，鳞茎不易晾晒，难于干燥，容易腐烂。

采收应在晴天进行，并且在收获以后有几个连续的晴天最好。采收时要轻刨、轻运，避免葱头受伤，提高贮存性能。收获时将整株拔出，放在地头晒 2～3 天。晾晒时，鳞茎要用叶遮住，只晒叶，不晒头，可促进鳞茎后熟，并使外皮干燥。然后剪掉须根，假茎留 2～3 厘米，除去泥土，即可贮存。也有的在收获后不除去叶片，编辫或扎捆贮存。为了减少洋葱采收后贮存期间发生腐烂，收获前 7～8 天要停止浇水。收获前叶片尚未枯黄时，采收前约 2 周，用 250 毫克/千克青鲜素（MH）洒喷叶面，每亩喷液 60 千克左右，能破坏植株的生长点，使鳞茎顶芽不发芽，防止洋葱在贮存期间抽芽。但留种用的葱头，不可用青鲜素处理。

第四节　病虫害防治

一、侵染性病害

1. 霜霉病　危害叶片与花梗。由洋葱外叶从下到上发展，最初叶子上产生稍凹陷长圆形或带状病斑。病斑中央深黄色，边缘淡黄色。在空气湿度较大时，病斑处发生白色霉状孢子囊和分生孢子。高温下，发病植株长势衰弱，叶色黄绿色，病斑淡紫色，叶身从病斑处折曲，最后干枯，严重时全株枯死。

发病条件是气温 10～20℃，湿度 95％～100％。15℃左右、叶上有露滴形成时最易发生。所以，在春、秋两季（春季 4～6 月，秋季 10～12 月）均可发生。在连作田块、雨水多的季节、排水不良的低洼地和通风不良情况下最易发生。10℃以下、20℃以上很少发生，6℃以下和 25℃以上停止发生。孢子发芽的适温是 11℃，3℃以下和 27℃以上孢子不发芽。

病原菌为真菌类藻状菌，主要以卵孢子在土壤中和病株残体上越冬或越夏，也可以菌丝体在鳞茎内越冬或越夏。休眠的菌丝体在适温下随着新叶的生长点生长菌丝，从叶面气孔表面形成分生孢子；休眠的卵孢子在适温下形成分生孢子。分生孢子借助雨、露及昆虫传播。

防治方法：注意田间清洁，收获后清除残株病叶；避免与其他葱蒜类蔬菜连作，实行轮作换茬；施用充分腐熟的有机肥料，避免病菌从肥料中传播；合理施用氮、磷、钾肥料，加强田间管理，促使植株生长健壮，增强抗病力；发病初期及时喷施 1：500 倍 25％甲霜灵可湿性粉剂或 1：500 倍 70％代森锰锌可湿性粉剂、1：800 倍 58％瑞毒锰锌可湿性粉剂、1：500 倍 80％磷乙铝可湿性粉剂、1：800 倍 75％百菌清可湿性粉剂等，每隔 7～10 天喷药 1 次，共喷药 3～4 次。

2. 紫斑病　紫斑病发生普遍。北方多在 5～6 月份发病，南方多在 4~5 月份发病。发病严重时会影响鳞茎生长。

　　主要危害洋葱叶、花梗，也危害鳞茎。发病初期病部周围红色、中间呈淡紫色小斑点，以后逐渐形成淡紫色到褐紫色椭圆形或纺锤形病斑，长 1~3 厘米，后期形成明显的同心轮纹，病斑上产生黑霉状分生孢子，又叫黑斑病。严重时在病斑处折卷枯死，留种植株花梗被害后，花梗折倒枯死，收获时葱头部会发生水渍状病斑。

　　病原菌是真菌类子囊菌，以子囊壳在土壤中或病残体上越冬。翌年在田间病株上产生分生孢子，借助风雨传播，从伤口或气孔侵入，潜伏期 1~4 天。在低洼潮湿田块及霉雨期最易发生。

　　防治洋葱紫斑病目前还无特效药剂，所以防治方法还是以农业防治为主：实行轮作，防止连作；清洁田园，收获时收集被害残株，用火烧毁或集中深埋；及时防治害虫，减少害虫造成的伤口。

　　3. 萎缩病　从洋葱幼苗开始危害，叶片、花梗、鳞茎均可发病。发病叶片淡黄色至淡黄绿色纵状条斑，黄绿相嵌，叶身扁平、波状弯曲，直至萎缩、倒伏、植株消失。幼苗发病后逐渐停止生长，直至萎缩死亡。花梗发病后出现条斑、萎缩、畸形，开花数减少，严重影响种子生产。发病植株影响鳞茎肥大，鳞茎发生软化腐败。

　　洋葱萎缩病的病原是病毒，由种子和土壤传染，通过蚜虫传播病毒汁液。蚜虫传播后，经过 4~5 天潜伏期，约经 10~14 天可看到明显病状。冬季温暖、天气干燥、霉雨不多年份发病严重。

　　防治方法：实行轮作；留种田块进行严格隔离，防止蚜虫传播，生产无病种子；在无病的土壤里育苗；发现病株及时拔除，防止传播。

　　4. 软腐病　不仅危害洋葱，还危害白菜、甘蓝、芹菜等。田间及贮存期间都可发生。生长期间染病，第 1~2 片叶下部出现灰白色半透明病斑，叶鞘基部软化后，外叶倒伏，病斑向下发展，鳞茎颈部呈现水渍状凹陷，不久鳞茎内部腐烂，汁液外溢，有恶臭味。贮存期多从颈部开始发病，鳞茎呈水渍状崩溃，流出白色汁液。

病菌是细菌胡萝卜软腐欧氏杆菌。病菌在病残体及土壤中长期腐生或鳞茎上越冬。通过雨水、灌溉水或葱蓟马等昆虫传播，从伤口侵入。植株营养不良、管理粗放、栽培地势低洼及连作地发病严重，收获时遇雨、鳞茎上带土，易引起贮存及运输期间发病。

防治方法：与葱蒜类蔬菜实行 2～3 年轮作；培育壮苗，小水勤浇，雨后排水；及时防治葱蓟马等害虫，减少伤口侵染。发病初期可喷 0.015％～0.02％硫酸链霉素可湿性粉剂或0.02％～0.04％农用链霉素可湿性粉剂、45％代森铵水剂 700 倍液、50％琥胶酸酸铜可湿性粉剂 500 倍液、77％杀可得微粒可湿性粉剂 500 倍液、30％DT 菌杀剂 500 倍液、新植霉素 4 000 倍液，连喷 2～3 次。

5. 黑粉病　危害洋葱叶片、叶鞘及鳞片，病苗受害后叶片微黄，稍萎缩，局部膨胀而扭曲，严重时病株显著矮化，并逐渐死亡。成长植株受害后，在叶片、叶鞘及鳞片上产生银灰色条斑，后膨胀成疱状，内充满黑褐色至黑色粉末，最后病疱破裂，散出黑粉。

病原菌属于担子菌亚门条黑粉菌属，称为洋葱条黑粉菌。病原菌厚垣孢子可在土壤中长期存活，是初次侵染的来源，种子发芽以后 9～10 天，从子叶基部等处侵入，以后产生的厚坦孢子可借风雨传播。播种以后气温在 10～25℃时发病，20℃为发病的适宜温度，超过 29℃不发病。

防治方法：实行 2～3 年轮作；用福美双或克菌丹药剂与种子以 1∶4 拌种处理，对种子进行消毒；用未种过葱蒜类蔬菜的地块育苗，以防止苗期染病；播种前用商品甲醛稀释 60 倍液喷洒床面，每平方米用稀释的药液 75 毫升，也可在播种前每平方米用 50％的福美双可湿性粉剂 1 克处理床土；选无病大苗定植。

6. 洋葱瘟病 在洋葱生长期间发生,以危害叶片为主。叶片发病初期,产生许多白色小点,多时一片叶上可产生几百个小白点。条件适于发病时,几天之内,叶片均变成褐色、腐烂,并长有灰色霉层,最后死亡。

由多种葡萄菌属真菌所引起,以菌丝体或菌核在土壤中越冬。防治方法与防治霜霉病相同。

7. 茎线虫病 发病植株矮化,新叶产生淡黄色小斑点。鳞茎顶部与叶片基部变软,外部鳞片渐次干枯脱落,最外层肉质鳞片撕裂呈白色海绵状。病部常有其他病菌再侵染,发生腐烂,并伴有臭味。

病原为线虫,以卵、幼虫、成虫在土壤、病残体、病鳞茎中越冬,幼虫也可附着在种子上越冬。

防治方法:实行 2～3 年轮作;清洁田园,收获后清除病株残体;选用无病鳞茎留种;留种鳞茎采用温汤浸种,杀死线虫,可用 45℃ 温水浸 1.5 小时;用二氯丙烯进行土壤消毒处理,一般每亩用药剂 3 千克。

8. 颈腐病 多发生在鳞茎成熟期或贮存期。除洋葱以外,也可侵染其他葱蒜类蔬菜。生长期间染病,叶鞘和鳞茎顶部出现淡褐色病斑,内部组织腐烂潮湿时有灰色霉层。贮存期间染病,鳞茎顶部及肩部出现干枯稍凹陷病斑,变软,淡褐色,鳞片间有灰色霉层。后期有黑褐色小菌核。

由葱腐葡萄孢菌感染所致。病原菌以菌丝体和菌核随病残体在田间越冬,或随鳞茎在贮存场所越冬。分生孢子随气流传播,从伤口侵入。低温高湿条件利于发病。收获期遇雨,鳞茎表皮未干,贮存地湿度较大,都容易发病。

防治方法:选择抗病品种,与其他蔬菜实行轮作;收获后及时清除残体;浇水时不可大水漫灌,雨后排水;不过多施用氮肥;收获后充分干燥后再贮存。生长期间可用 50% 速克灵可湿性粉剂 1 000～1 500 倍液或 75% 速克灵可湿性粉剂 600 倍液、

40％多菌灵胶悬剂 800 倍液、70％甲基托布津可湿性粉剂 1 000
液倍，每 7～10 天喷 1 次，连续喷 2～4 次。

9. 洋葱炭疽病　叶片染病，出现近棱形或不规则形病斑，
淡灰褐色至褐色，表面有许多小黑点，病斑扩大后引起地上部枯
死。鳞茎发病，外侧鳞片或颈部下方出现暗绿色或黑色斑纹，扩
大后连结成较大病斑，其上有散生或轮生小黑点，病部凹陷，可
深入到内部而引起腐烂。

由真菌葱刺盘孢菌侵染所致。病原菌以分生孢盘随残体在土
中或鳞茎上越冬。病原菌发育温度 4～34℃，最适宜温度 20℃；
发病温度 10～32℃，宜适温度 26℃。分生孢子的产生需要高湿
条件，主要随雨水反溅传播，多雨年份发病严重。

防治方法：实行轮作，选用抗病品种；雨季注意排水，收获
后及时清除病残体，并集中烧毁；生长期间，雨季前或发病初期
用 70％甲基托布津可湿性粉剂 1 000 倍液或 75％百菌清可湿性
粉剂 600 液倍、50％炭疽福美可湿性粉剂 500 倍液、1∶1∶240
波尔多液喷雾，各种药剂轮换使用。

10. 洋葱灰霉病　洋葱灰霉病除危害洋葱以外，也危害其他
葱蒜类蔬菜。生长期间，叶鞘和鳞茎颈部感染时，出现淡褐色病
斑，内部组织腐烂，潮湿时有灰色霉层；贮存期间感染，在鳞茎
顶部及肩部出现干枯稍凹陷病斑，变软，灰褐色，鳞片间有灰白
色霉层。后期产生黑褐色小菌核。受害鳞茎再感染软腐病以后腐
烂变臭。

病原菌为真菌，以菌丝体和菌核随病残体在田间越冬，或随
鳞茎在贮存场所越冬。空气传播，经伤口侵入。喜低温高湿，阴
雨期间发病严重。收获期遇雨，贮存时湿度较大，发病严重。

防治方法：实行轮作，收获后及时清除田园；雨季注意排
水，避免大水漫灌；不可过多施用氮肥；选用抗病品种。生长期
间可用 50％速克灵可湿性粉剂 1 000～1 500 倍液或 75％可湿性
粉剂 600 倍液、40％多菌灵胶悬剂 800 倍液、70％甲基托布津可

湿性粉剂 1 000 倍液，每 7～10 天喷 1 次，连续喷 2～4 次。

二、虫　害

1. 葱地种蝇　属于双翅目花蝇科，俗名葱蛆或根蛆。种蝇以幼虫（蛆）蛀食洋葱幼苗、叶片、假茎和鳞茎内部，为害严重时，洋葱茎叶枯死、葱头腐烂。种蝇除危害洋葱外，还为害葱、大蒜和薤等蔬菜。

种蝇的成虫是一种小蝇，体长 4～5 毫米，头部灰白色，复眼暗黑色，腹部及胸为灰黄色（雌虫）或暗褐色（雄虫），虫体上附生黑色刚毛，有翅 1 对，翅脉黄褐色。种蝇幼虫为蛆，淡乳黄色；成熟幼虫体长 7 毫米；蛹为黄褐色，长约 4～5 毫米，以老熟幼虫及蛹在地中越冬；卵产于叶组织内，长椭圆形，乳白色，种蝇以春、夏季发生最多，在华北地区一年发生 3～4 代。5月上旬为成虫盛发期。

防治方法：实行轮作，清洁田园；种蝇对生粪有一定趋性，因此粪肥要充分腐熟。在成虫发生期可喷洒 2.5％溴氰菊酯乳油 2 000 倍液或马拉硫磷乳油 2 000 倍液；防治幼虫可用 50％硫辛磷乳油 500 倍液或 90％敌百虫 800～1 000 倍液灌根。

2. 金龟子（蛴螬）　金龟子成虫为椭圆形硬盖子虫，有时为害葱类的花器。为害洋葱的主要是幼虫，幼虫即蛴螬，虫体乳白色，头部黄褐色，背部有许多隆起的皱瘤，常呈弯曲状，躲在土中或粪堆中，为杂食性害虫。春、夏季在土中咬食洋葱根部，造成死苗。

防治方法：深耕晒（冻）垡，夏季晒垡，冬季冻垡；清洁田园；清除田间杂草残株；施用高温沤制、发酵腐熟的有机肥料作基肥，忌用生粪。氨水对杀伤蛴螬有一定的效果。药剂防治可用 90％敌百虫 1 000 倍液浇灌根部土壤。

3. 蝼蛄　蝼蛄是杂食性害虫，喜在潮湿、肥沃的土壤中，多在夜间活动，为害洋葱幼苗，咬食根部或在根部窜钻而造成死苗。

防治方法：清洁田园，清除田间残株病体；用麦麸、碎豆饼等炒熟，和入 90% 敌百虫或 40% 乐果，充分混拌，制成毒饵，结合中耕，撒施田间。

4. 葱蓟马 受害叶片上有密集的小白点，为害心叶时，斑点为黄褐色，受害叶片生长缓慢，致使洋葱产量低下。

葱蓟马虫体很小，成虫淡黄色，体长 1.2～1.4 毫米，触角 7 节，2 对翅狭长透明，翅周缘有长缨毛。初孵幼虫灰白色或淡黄色，刺吸式口器。

华北地区一年发生 3～4 代，以成虫越冬为主。春季返青时开始为害。初孵幼虫集中在叶基部为害，稍大即分散开。在气温约 25℃ 及空气相对湿度低于 60% 时，有利于葱蓟马发生，高湿、暴风雨可降低葱蓟马数量。成虫活泼，善跳能飞，可借助风力传播。成虫畏惧强光，白天栖息于叶背、叶鞘及新叶叶丛内取食，早晚、夜间及阴天在寄主表面活动。夏季多行孤雌生殖，卵产于叶表皮下或叶脉组织内，每只雌虫可产 10～100 粒。一年中以 4～5 月份为害严重。

防治方法：清除田间杂草，加强肥水管理，使植株健壮，增加抗病能力；保持菜田清洁，及时清除病株。药剂防治，可用 80% 敌敌畏乳油 1 000 倍液或 40% 乐果乳油 1 500 倍液、50% 马拉硫磷乳油 1 000 液倍、50% 硫辛磷乳油 1 000 倍液、20% 氰戊菊酯乳油 3 000 液倍、灭蚜松剂 1 000～1 500 倍液喷雾。葱蓟马在傍晚及夜间最活跃，清晨亦为害，应在此时用药除治；另外，葱蓟马适合在高温干旱环境中生活，干旱年份发生严重，多雨年份少，尤其暴雨之后显著减轻，可采用浇水的方法防治，但要配合喷洒药剂。

5. 红蜘蛛 成虫和幼虫为害洋葱，被害后使植株枯死。红蜘蛛在寄生部位及土中越冬，4 月份开始活动，至秋季共可发生 10 个世代以上，夏季 10 天左右 1 个世代。繁殖力很强，1 头雌虫约可产卵 600 粒。1 个世代一般只经过卵、幼虫、若虫 3 个阶段，以成虫越冬。适宜发生的温度为 20～25℃，所以初夏和初秋发生最盛，盛夏时发生较少，连作地发生严重。

防治方法：避免与葱蒜类蔬菜连作，不与其他根茎类蔬菜连作；清洁田园，及时清除杂草残株。药剂防治可用25％硫喹磷1 000～1 500倍液或15％嗪哒酮1 000～2 000倍液、20％速螨酮600倍液、73％克螨特1 000～2 000倍液、5％尼索朗2 000倍液喷洒。

6. 潜叶蝇　又称斑潜蝇，属于双翅目，潜叶蝇科，俗名肉蛆。在不同的年份危害程度差异较大。寄主有大葱、洋葱、大蒜及萝卜等。幼虫在叶内潜食叶肉，曲折穿行，叶肉被食后，只剩下2层白色透明的表皮。严重时，每叶片可遭受10多头幼虫潜食，致使叶片枯萎，影响光合作用，降低产量。

成虫为小型蝇虫，体长2～2.7厘米，头部黄色，复眼红色，有1对透明的翅，翅脉褐色，并有紫色光泽。卵椭圆形，乳白色。幼虫长圆柱形，体表光滑，体长3毫米，淡黄色。蛹为长扁椭圆形，褐色，体长2.8毫米。

潜叶蝇每年发生3～5代，世代重叠发生。以蛹在被害叶内或土壤中越冬。5月上旬是成虫发生的高峰期，成虫白天活动，喜甜汁。卵散产在叶片组织内，卵期4～5天，第一代为害小苗，第3～4代为害大苗，幼虫在叶内潜食，6月份是其为害盛期，幼虫老熟后，在虫道一端化蛹，以后穿破表皮羽毛。对温度敏感，一般春秋季节为害严重，夏季较轻。

防治方法：收获后彻底清除残枝枯叶，深翻土地，降低越冬虫源的基数；成虫羽化盛期可在甘薯或胡萝卜煮汁中按0.05％比例加晶体敌百虫作诱饵，喷布在植株上，3～5天喷1次，共5～6次。田间发现幼虫时或在成虫发生盛期，可用20％氰戊菊酯乳油3 000倍液或80％百敌虫可湿性粉剂1 000倍液、40％乐果乳油1 000～1 500倍液、20％速灭杀丁1 500倍液、40％菊马乳油1 500倍液、40％乐果乳油和80％敌敌畏乳油等量混合液2 000倍液、25％硫喹磷乳油1 000倍液喷雾，每7～10天喷1次，连喷1～2次。收获前半个月停止喷洒药液。

姜斑点病

姜大棚栽培

姜地膜＋遮阳网栽培

姜地膜覆盖栽培

姜地上茎

姜地下茎

姜根结线虫

姜 窖

姜螟虫危害

姜蓟马危害

姜炭疽病

姜瘟病

姜芽腐烂

姜 芽

姜叶枯病危害

姜小拱棚栽培

晾晒姜种

适合种植的姜种

大蒜地膜栽培

大蒜根螨

大蒜大棚栽培

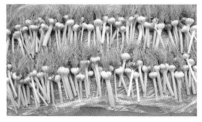

大蒜紫斑病

收获大蒜头

大蒜秸秆覆盖栽培

蒜苗

白皮洋葱

收获洋葱

洋葱成熟期

洋葱地膜覆盖栽培

洋葱育苗

洋葱制种